PyTor

深層学

AIアプリ開発入門

我妻 幸長｜著

はじめに

PyTorchを利用して、
深層学習モデルとAIアプリを作成する
力を身に付けましょう。

2022年9月吉日

我妻幸長

本書内容に関するお問い合わせについて

このたびは翔泳社の書籍をお買い上げいただき、誠にありがとうございます。
弊社では、読者の皆様からのお問い合わせに適切に対応させていただくため、以下のガイドラインへのご協力をお願い致しております。
下記項目をお読みいただき、手順に従ってお問い合わせください。

●ご質問される前に

弊社Webサイトの「正誤表」をご参照ください。これまでに判明した正誤や追加情報を掲載しています。

正誤表　https://www.shoeisha.co.jp/book/errata/

●ご質問方法

弊社Webサイトの「刊行物Q&A」をご利用ください。

刊行物 Q&A　https://www.shoeisha.co.jp/book/qa/

インターネットをご利用でない場合は、FAXまたは郵便にて、下記翔泳社愛読者サービスセンターまでお問い合わせください。電話でのご質問は、お受けしておりません。

●回答について

回答は、ご質問いただいた手段によってご返事申し上げます。ご質問の内容によっては、回答に数日ないしはそれ以上の期間を要する場合があります。

●ご質問に際してのご注意

本書の対象を越えるもの、記述個所を特定されないもの、また読者固有の環境に起因するご質問等にはお答えできませんので、予めご了承ください。

●郵便物送付先およびFAX番号

送付先住所　〒160-0006　東京都新宿区舟町5
FAX 番号　03-5362-3818
宛先　㈱翔泳社愛読者サービスセンター

※本書に記載されたURL等は予告なく変更される場合があります。
※本書の対象に関する詳細は004ページをご参照ください。
※本書の出版にあたっては正確な記述につとめましたが、著者や出版社などのいずれも、本書の内容に対してなんらかの保証をするものではなく、内容やサンプルに基づくいかなる運用結果に関してもいっさいの責任を負いません。
※本書に掲載されているサンプルプログラムやスクリプト、および実行結果を記した画面イメージなどは、特定の設定に基づいた環境にて再現される一例です。
※本書に記載されている会社名、製品名はそれぞれ各社の商標および登録商標です。
※本書の内容は、2022年8月執筆時点のものです。

About the SAMPLE

本書のサンプルの動作環境とサンプルプログラムについて

本書の各章のサンプルは表1の環境で、問題なく動作することを確認しています（2022年8月時点）。

表1 サンプル動作環境

環境、言語	バージョン
OS	Windows 10/11[※1]
ブラウザ	Google Chrome（Windows）
実行環境	Google Colaboratory
Python	3.7.13（Google Colaboratory上のバージョン）

※1 本文の画面ショットはWindows 10のものとなります。

ライブラリ	バージョン[※2]
torch	1.11.0
streamlit	1.8.1
torchvision	0.12.0
pyngrok	4.1.1
Pillow	7.1.2
matplotlib	3.2.2

※2 torch、torchvision、Pillow、matplotlibはGoogle Colaboratory上のバージョンです。

付属データのご案内

付属データ（本書記載のサンプルコード）は、以下のサイトからダウンロードできます。

● **付属データのダウンロードサイト**
URL https://www.shoeisha.co.jp/book/download/9784798173399

注意

付属データに関する権利は著者および株式会社翔泳社が所有しています。許可なく配布したり、Webサイトに転載したりすることはできません。

付属データの提供は予告なく終了することがあります。あらかじめご了承ください。

会員特典データのご案内

会員特典データは、以下のサイトからダウンロードして入手いただけます。

● **会員特典データのダウンロードサイト**
URL https://www.shoeisha.co.jp/book/present/9784798173399

注意

会員特典データをダウンロードするには、SHOEISHA iD（翔泳社が運営する無料の会員制度）への会員登録が必要です。詳しくは、Webサイトをご覧ください。

会員特典データに関する権利は著者および株式会社翔泳社が所有しています。許可なく配布したり、Webサイトに転載したりすることはできません。

会員特典データの提供は予告なく終了することがあります。あらかじめご了承ください。

免責事項

付属データおよび会員特典データの記載内容は、2022年8月現在の法令等に基づいています。

付属データおよび会員特典データに記載されたURL等は予告なく変更される場合があります。

付属データおよび会員特典データの提供にあたっては正確な記述につとめましたが、著者や出版社などのいずれも、その内容に対してなんらかの保証をするものではなく、内容やサンプルに基づくいかなる運用結果に関してもいっさいの責任を負いません。

付属データおよび会員特典データに記載されている会社名、製品名はそれぞれ各社の商標および登録商標です。

著作権等について

付属データおよび会員特典データの著作権は、著者および株式会社翔泳社が所有しています。個人で使用する以外に利用することはできません。許可なくネットワークを通じて配布を行うこともできません。個人的に使用する場合は、ソースコードの改変や流用は自由です。商用利用に関しては、株式会社翔泳社へご一報ください。

2022年8月
株式会社翔泳社　編集部

CONTENTS

Chapter 0 イントロダクション

深層学習（ディープラーニング）は、我々人類の文明を支えてくれる重要な技術になりつつあります。多くの国家、企業、もしくは個人がこの技術の動向を注視しており、深層学習を扱える人材の需要は日々高まっています。
本書では、このような深層学習を「PyTorch」と「Google Colaboratory」を使ってコンパクトに効率よく学びます。PyTorchは実装の簡潔さと柔軟性、速度に優れ、人気が急上昇中の機械学習用フレームワークです。Google Colaboratoryは環境設定が簡単で、本格的なコードや文章、数式を手軽に記述することができるPythonの実行環境です。これらを組み合わせることで、深層学習を学ぶための障壁が大きく下がります。
このPyTorch+Google Colaboratory環境で、CNN（畳み込みニューラルネットワーク）、RNN（再帰型ニューラルネットワーク）などの様々な深層学習の技術を、本書では基礎から体験ベースで学びます。様々なPyTorchの機能と深層学習の実装を順を追って習得し、人工知能を搭載したWebアプリの構築まで行います。
深層学習の技術は、今の世界に最もインパクトを与えている技術の1つです。様々な領域を横断的につなげる技術でもあり、どの分野の方であってもこの技術を習得することは無駄にはなりません。それでは、PyTorchとGoogle Colaboratoryをパートナーに、一緒に楽しく深層学習を学んでいきましょう。

0.1 本書について

本書の特徴、構成、できるようになること、注意点、対象、使い方を解説します。

0.1.1 本書の特徴

PyTorchや深層学習の概要、開発環境であるGoogle Colaboratoryの解説から本書は始まりますが、やがてCNN、RNN、AIを搭載したアプリ開発へつながっていきます。フレームワークPyTorchを使い、深層学習技術を無理なく着実に身につけることができます。

各チャプターでコードとともにPyTorchの使い方を学び、プログラミング言語Pythonを使って深層学習を実装します。Python自体の解説はありませんので、Pythonを予め学習しておくとスムーズに読み進めることができるかと思います。

本書で用いる開発環境のGoogle Colaboratoryは、Googleのアカウントさえあれば誰でも簡単使い始めることができます。環境構築の敷居が低いため、比較的スムーズにPyTorchと深層学習を学び始めることができます。また、GPUが無料で利用できるので、コードの実行時間を短縮することができます。また、Streamlitというフレームワークを使った、訓練済みのモデルを搭載した人工知能Webアプリの構築と公開についても学びます。

本書を読了した方は、様々な場面でAIを活用したくなるのではないでしょうか。

0.1.2 Pythonの基礎を学ぶ

本書にはプログラミング言語Pythonの解説はありませんが、Pythonの基礎を学ぶためのGoogle Colaboratoryのノートブックを別途用意しました。

以下のURLに用意しましたので、Pythonの基礎について学びたい方はぜひ参考にしてください。

- **yukinaga/lecture_pytorch**
  URL https://github.com/yukinaga/lecture_pytorch/tree/master/python_basic

0.1.3　本書の構成

本書はChapter1からChapter7までで構成されています。

まずはChapter1ですが、ここではPyTorch、深層学習の概要について解説します。最初にここで全体像を把握していただきます。そして、次のChapter2では、開発環境であるGoogle Colaboratoryの使い方を解説します。

Chapter3では、シンプルな深層学習をPyTorchで実装します。ここでは、フレームワークPyTorchの基本的な使い方と、深層学習の実装の一連の流れを学びます。

Chapter4では、自動微分やDataLoaderなど、PyTorchを使いこなすために必要な機能を習得していただきます。

Chapter5では、畳み込みニューラルネットワーク（CNN）を学びます。CNNの仕組みを学び、CNNによる画像分類をPyTorchで実装します。

Chapter6では再帰型ニューラルネットワーク（RNN）について学びます。シンプルなRNNに加えて、LSTMやGRUなどの発展形も学びます。

最後のChapter7では、訓練済みのモデルとStreamlitというフレームワークを使ったWebアプリの構築と公開について学びます。

いくつかのチャプターの最後には演習があります。ここで能動的にコードを書くことで、PyTorchと深層学習に関する理解がさらに深まるのではないでしょうか。

本書の内容は以上です。PyTorchを使って、深層学習を実装できるようになりましょう。

0.1.4　本書でできるようになること

本書を最後まで読んだ方は、以下のスキルが身につきます。

- PyTorchの基礎を理解し、コードを読み書きできるようになります。
- Google Colaboratory環境で深層学習を実装できるようになります。
- CNN、RNNなどを自分で実装できるようになります。
- 訓練済みのモデルを搭載した人工知能Webアプリを構築し、公開できるようになります。
- 自分で調べながら、深層学習のコードを実装する力が身につきます。

0.1.5　本書の注意点

本書を読み進めるに当たって、以下の点にご注意ください。

- 本書は実装を重視しているため、学術論文レベルの理論の解説ほぼ行いません。
- フレームワークPyTorchの内容を、全て網羅する本ではありません。PyTorchによる深層学習の入門的な位置付けです。
- 本書内にプログラミング言語Pythonの解説はありません。Pythonを学びたい方は、他の書籍などをお使いください。
- グラフ描画のためにライブラリmatplotlibを使用していますが、matplotlibのコードの解説はありません。
- Google Colaboratoryを使用するために、Googleアカウントが必要になります。
- Chapter7ではGitHubのアカウントを使用します。
- Chapter7における一部の内容は、ある程度ご自身で調べることも必要になります。
- Chapter7はオープンソース前提で進めます。人工知能Webアプリのソースコードは、GitHub上で公開されます。

0.1.6　本書の対象読者

本書の対象読者は以下のような方々です。

- 人工知能/機械学習に強い関心のある方
- フレームワークPyTorchを使えるようになりたい方
- 深層学習の実装を効率よくコンパクトに学びたい方
- 深層学習の概要を実装を通して把握したい方
- 実務で機械学習を使いたい企業の方
- 専門分野で人工知能を応用したい研究者、エンジニアの方
- 有用な深層学習用フレームワークを探している方

0.1.7 本書の使い方

本書は一応読むだけでも学習が進められるようにはなっていますが、できればPythonのコードを動かしながら読むのが望ましいです。本書で使用しているコードはvページに記載している本書の付属データのダウンロードサイトからダウンロード可能なので、このコードをベースに、試行錯誤を繰り返してみることもお勧めです。実際に自分でコードをカスタマイズしてみることで、実装への理解が進むとともに、深層学習自体に対するさらなる興味が湧いてくることでしょう。

開発環境としてGoogle Colaboratoryを使用しますが、この使用方法についてはChapter2で解説します。本書で使用するPythonのコードはノートブック形式のファイルとしてダウンロード可能です。このファイルをGoogle Driveにアップロードすれば、本書で解説するコードをご自身の手で実行することもできますし、チャプター末の演習に取り組むこともできます。

また、ノートブックファイルにはMarkdown記法で文章を、LaTeX形式で数式を書き込むことができます。可能な限り、ノートブック内で学習が完結するようにしています。

本書はどなたでも学べるように、少しずつ丁寧に解説することを心がけておりますが、一度の説明ではわからない難しい内容が登場するかもしれません。

そういう時は、決して焦らず、時間をかけて少しずつ理解することを心がけましょう。時には難しいコードもあると思いますが、理解が難しいと感じた際は、じっくりと該当箇所を読み込んだり、インターネットなどで検索したり、検証用のコードを書いたりして取り組んでみましょう。

AIの専門家に限らず、多くの方にとって深層学習を学ぶことは大きな意義のあることです。好奇心や探究心に任せて気軽にトライアンドエラーを繰り返し、試行錯誤ベースで様々な深層学習技術を身につけていきましょう。

Chapter 1

PyTorchと深層学習

本チャプターは、本書で学習を開始するためのイントロダクションです。
PyTorchの概要、及び深層学習の概要を解説します。

1.1 PyTorchとは

PyTorchの全体像を把握するために、最初にその概要を解説します。

1.1.1 PyTorchの概要

PyTorchは2016年に登場した比較的新しい機械学習ライブラリで、最初はFacebookの人工知能研究グループAI Research lab（FAIR）により開発されました。

- **PyTorchの公式サイト**
  URL https://pytorch.org/

海外を中心にコミュニティが活発で、公式ドキュメントも充実しており、さらにネット上の情報が豊富なため実装に必要な情報に素早くたどり着けるというメリットがあります。

- **PyTorchの公式ドキュメント**
  URL https://pytorch.org/docs/stable/index.html

PyTorchはPythonのインターフェイスがより洗練されており主流となっていますが、C++のインターフェイスも使うことができます。本書で扱うのはこれらのうちPythonのインターフェイスの方です。

また、PyTorchでは「Define by Run方式」が採用されています。Define by Run方式はデータを流しながらネットワークの定義と演算を行う計算のやり方で、柔軟で直感的にわかりやすいコードが書けるというメリットがあります。それに対してTensorFlowなどのフレームワークでは、静的なネットワークを記述した後実際にデータを用いて計算する、速度面に優れた「Define and Run方式」が採用されています。

そして、PyTorchで「Tensor」クラスによりデータを扱います。Tensorを用いることで、大きなデータをGPU上で高速に処理することが可能です。

PyTorchは、主に以下の3つのモジュールで形作られます。

- **autograd**（自動微分）

  Tensorの各要素による微分を自動で行います。バックプロパゲーション（誤差逆伝播法）の際に活躍します。

  自動微分については、**4.1節**「自動微分」で改めて詳しく解説します。

- **optim**

  様々な最適化アルゴリズムを実装したモジュールです。パラメータを調整し最適化するために使用します。

  optimの使い方は、**3.5節**「最適化アルゴリズム」で解説します。

- **nn**

  深層学習のモデルによく使われる層を集めたモジュールです。モデルの構築時に使用されます。

これらのモジュールを活用して、Chapter3以降、深層学習を実装していきます。

PyTorchのソースコードはオープンソースで管理されていて、日々コードの更新や修正が行われ続けています。

- **PyTorchのソースコード（GitHub）**

  URL https://github.com/pytorch/pytorch

また、PyTorch LightningやCatalyst、fast.aiなど、様々な深層学習用フレームワークがPyTorch上で構築されています。PyTorchはそのまま使うだけではなく、他のフレームワークのベースとなっています。

このようにPyTorchは、簡潔さ、柔軟性、速度のバランスが優れており、汎用性が高く、2022年現在最も人気が高い深層学習関連フレームワークの1つです。実際に、最新の論文の実装や人工知能を搭載したアプリ、機械学習のコンペティションなどでは、PyTorchが頻繁に使われています。

PyTorchを扱えると様々な可能性が広がるので、本書を通してその基本的な使い方を身につけていきましょう。

1.2 深層学習とは

深層学習（ディープラーニング）の概要を解説します。多数の層からなるニューラルネットワークの学習は、深層学習と呼ばれ、工業、科学やアートなど幅広い分野での活用が始まっています。

1.2.1 人工知能と機械学習、そして深層学習

最初に、深層学習、機械学習、人工知能の概念を整理します。深層学習は機械学習の一手法で、機械学習は人工知能の一分野です（図1.1）。

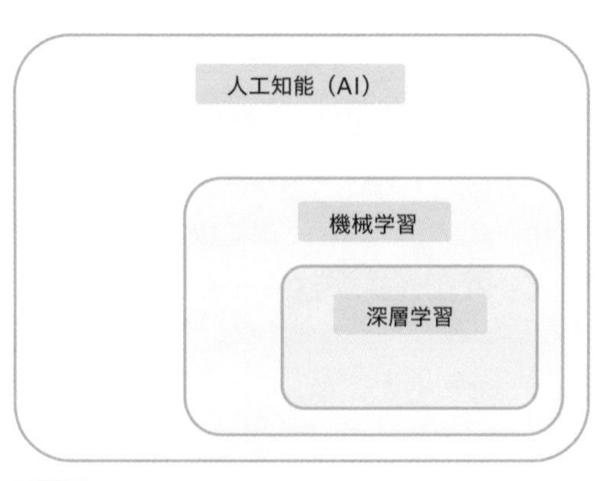

図1.1 人工知能、機械学習、深層学習

「人工知能」（AI）とは読んで字のごとく、人工的に作られた知能のことです。しかしながら、そもそも知能とは何なのでしょうか。知能の定義にはいろいろありますが、環境との相互作用による適応、物事の抽象化、他者とのコミュニケーションなど、様々な脳が持つ知的能力だと考えることができます。

そんな「知能」が脳を離れ、人工的なコンピューター上で再現されようとしています。汎用性という点では、まだヒトを始めとする動物の知能には遠く及びませんが、コンピューターの演算能力の指数関数的な向上を背景に、人工知能は目覚ましい発展を続けています。

すでに、チェスや囲碁などのゲームや翻訳、医療用の画像解析など、一部の分野で人工知能が人間を凌駕し始めています。ヒトの脳のように極めて汎用性の高い知能を実現することはまだ難しいですが、人工知能はすでにいくつかの分野で人間に取って代わる、あるいは人間を超えつつあります。

「機械学習」は、人工知能の分野の1つで、人間などの生物の学習能力に近い機能をコンピューターで再現しようとする技術です。機械学習の応用範囲は広く、例えば、検索エンジン、機械翻訳、文章分類、市場予測、作画や作曲などのアート、音声認識、医療、ロボット工学など多岐にわたります。機械学習には様々な手法があり、応用分野の特性に応じて、機械学習の手法も適切に選択する必要がありますが、これまでに様々なアルゴリズムが考案されています。近年、様々な分野で高い性能を発揮することで注目されている「深層学習」は、そうした機械学習の手法の1つで、本書でPyTorchとともに扱う技術です。

深層学習は、その名の通り多くの層を持つ深いニューラルネットワークを使った学習ですが、神経細胞のネットワークをモデルにしたニューラルネットワークをベースにしています。以降、ニューラルネットワークとは何か、そして深層学習とは何か、について解説します。

1.2.2 神経細胞

深層学習はニューラルネットワークをベースにしていますが、これは生物の神経細胞（ニューロン）が作るネットワークを模しています。そこで、最初に動物の神経細胞について簡単に解説します。

図1.2の写真は、マウスの大脳皮質における神経細胞です。神経細胞は染色されており、画像は拡大されています。この神経細胞の大きさは、数マイクロメートル程度です。まるで木のように、枝のようなものと根のようなものが伸びて、他の神経細胞とつながっている様子を見ることができます。

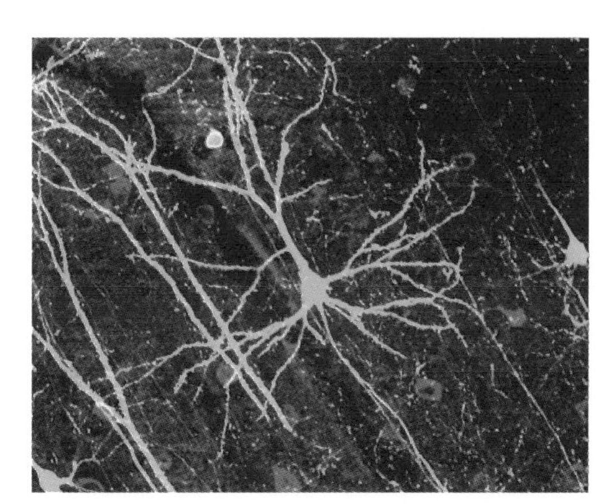

図1.2 マウスの大脳皮質における神経細胞

出典
URL https://en.wikipedia.org/wiki/Neuron より引用
(CC BY 2.5)

脳全体では、様々な種類の神経細胞が1000億程度存在すると考えられています。

1.2.3 神経細胞のネットワーク

それでは、この神経細胞の構造、及び多数の神経細胞が形作るネットワークを図で見ていきましょう。

図1.3 の神経細胞に注目してください。

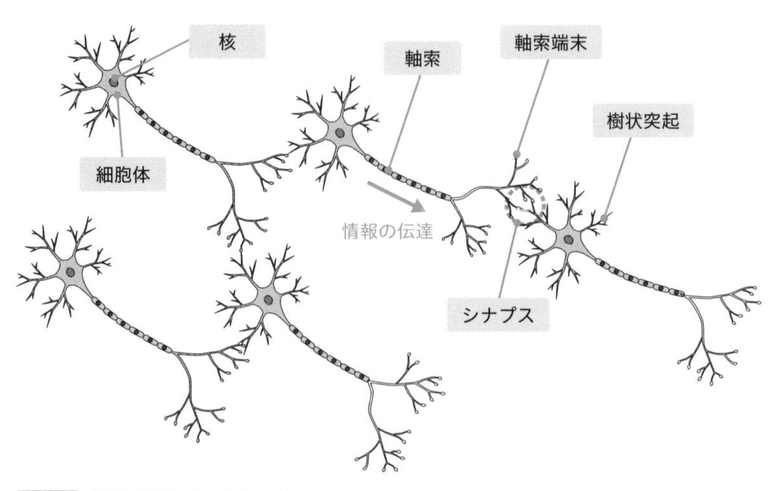

図1.3 神経細胞のネットワーク

神経細胞では、細胞体から樹状突起と呼ばれる木の枝のような突起が伸びています。この樹状突起は、多数の神経細胞からの信号を受け取ります。受け取った信号を用いて細胞体で演算が行われることにより、新たな信号が作られます。作られた信号は、長い軸索を伝わって、軸索端末まで届きます。軸索端末は多数の他の神経細胞、あるいは筋肉と接続されており、信号を次に伝えることができます。このように、神経細胞は複数の情報を統合し、新たな信号を作り他の神経細胞に伝える役目を担っています。

また、このような神経細胞と、他の神経細胞の接合部はシナプスと呼ばれています。シナプスには複雑なメカニズムがあるのですが、結合強度が強くなったり弱くなったりすることで記憶が形成されるといわれています。

このようなシナプスですが、神経細胞の1個あたり1000個程度あると考えられています。神経細胞は約1000億個なので、脳全体で100兆個程度のシナプスがあることになります。このような非常にたくさんのシナプスにより、複雑な記憶や、あるいは意識が形成されるとも考えられています。

1.2.4 ニューラルネットワークとニューロン

それでは、以上を踏まえて、ここからはコンピューター上の神経細胞、あるいは神経細胞ネットワークのモデル化について解説します。

まずは、これ以降使用する用語について少し解説します。

コンピューター上でモデル化された神経細胞のことを、「人工ニューロン」、英語でいうとArtificial Neuronといいます。また、コンピューター上のモデル化された神経細胞ネットワークのことを、「人工ニューラルネットワーク」、英語ではArtificial Neural Networkといいます。しかしながら、これ以降は簡単にするためにコンピューター上のものに対して、ニューロン、ニューラルネットワークという名称を使います。

それでは、ニューロンの典型的な構造を見ていきましょう（図1.4）。

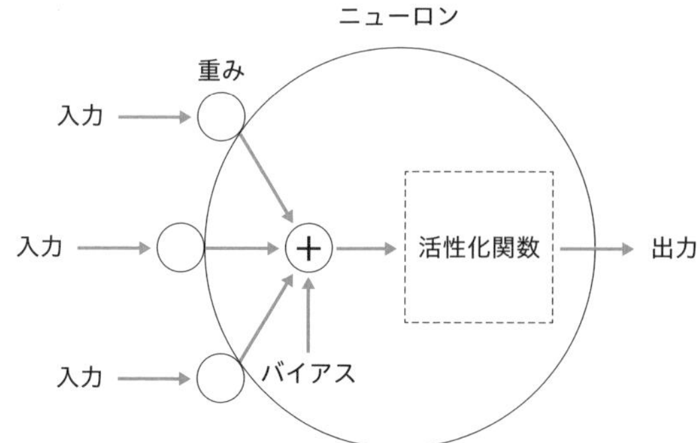

図1.4 ニューロンの構造

ニューロンには複数の入力がありますが、出力は1つだけです。これは、樹状突起への入力が複数あるのに対して、端末からの出力が1つだけであることに対応します。

各入力には、重みをかけ合わせます。重みは結合荷重とも呼ばれ、入力ごとに値が異なります。この重みの値が脳のシナプスにおける伝達効率に相当し、値が大きければそれだけ多くの情報が流れることになります。

そして、入力と重みをかけ合わせた値の総和に、バイアスと呼ばれる定数を足します。バイアスは言わば、ニューロンの感度を表します。バイアスの大小により、ニューロンの興奮しやすさが調整されます。

入力と重みの積の総和にバイアスを足した値は、活性化関数と呼ばれる関数で処理されます。この関数は、入力をニューロンの興奮状態を表す信号に変換します。このようなニューロンをつなぎ合わせて構築したネットワークが、ニューラルネットワークです。

1.2.5 ニューラルネットワークの構造

次に、ニューラルネットワークの構造を解説します。図1.5は、典型的なニューラルネットワークです。

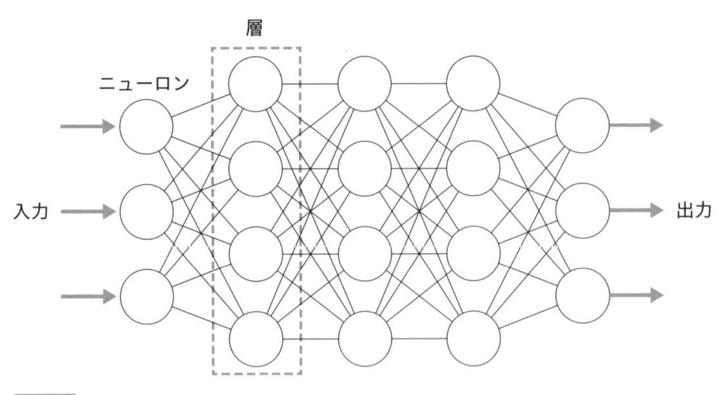

図1.5 ニューラルネットワークの例

このニューラルネットワークでは、ニューロンが層状に並んでいます。ニューロンは、前の層の全てのニューロンと、後ろの層の全てのニューロンと接続されています。

ニューラルネットワークには、複数の入力と複数の出力があります。数値を入力し、情報を伝播させ結果を出力します。出力は確率などの予測値として解釈可能で、ネットワークにより予測を行うことが可能です。

また、ニューロンや層の数を増やすことで、ニューラルネットワークは高い表現力を発揮するようになります。

以上のように、典型的なニューラルネットワークはシンプルな機能しか持たないニューロンが層を形成し、層の間で接続が行われることにより形作られます。

1.2.6 バックプロパゲーション（誤差逆伝播法）

ここで、バックプロパゲーションによるニューラルネットワークの学習について解説します。

ニューラルネットワークは、出力と正解の誤差が小さくなるようにパラメータ（重みやバイアスなど）を調整することで学習することができます（図1.6）。

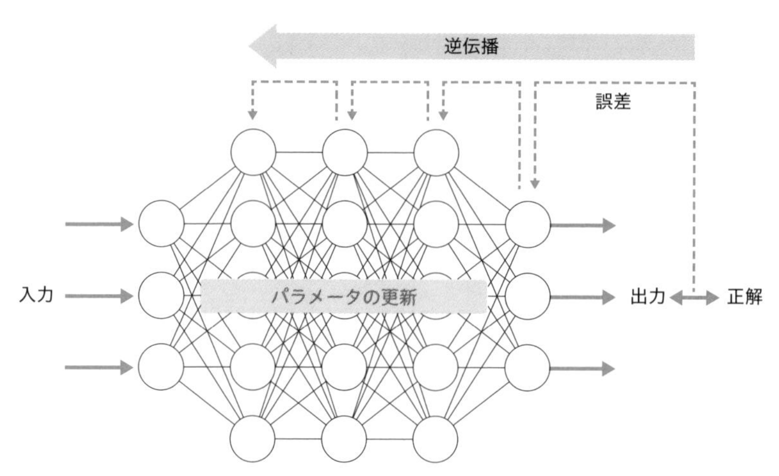

図1.6 バックプロパゲーションの例

1層ずつ遡るように誤差を伝播させて「勾配」を計算し、この勾配に基づきパラメータを更新しますが、このアルゴリズムは、バックプロパゲーション、もしくは誤差逆伝播法と呼ばれます。

この「勾配」については、**3.5節**「最適化アルゴリズム」で改めて解説します。

バックプロパゲーションでは、ニューラルネットワークをデータが遡るようにして、ネットワークの各層のパラメータが調整されます。ニューラルネットワークの各パラメータが繰り返し調整されることでネットワークは次第に学習し、適切な予測が行われるようになります。

ただ、本書ではこのバックプロパゲーションのアルゴリズムについて詳細な解説は行いません。詳しく知りたい方は、拙著『はじめてのディープラーニング -Pythonで学ぶニューラルネットワークとバックプロパゲーション-』（SBクリエイティブ社）などを参考にしてください。

1.2.7 深層学習

多数の層からなるニューラルネットワークの学習は、深層学習（Deep learning、ディープラーニング）と呼ばれます。図1.7は、深層学習に使用される多層ニューラルネットワークの例です。

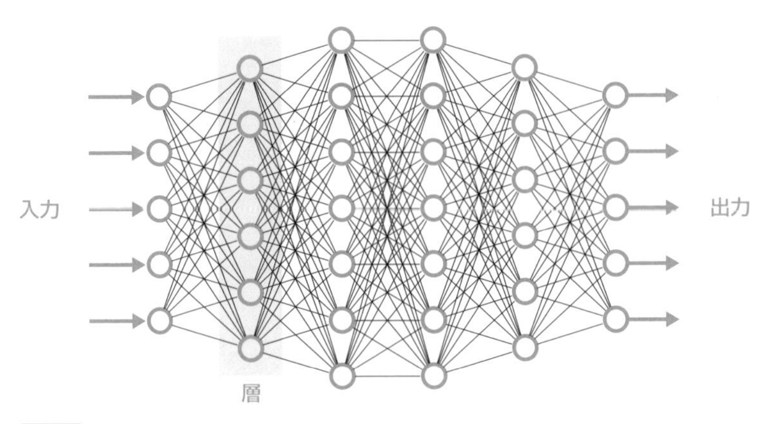

図1.7 多数の層からなるニューラルネットワーク

深層学習はヒトの知能に部分的に迫る、あるいは凌駕する高い性能をしばしば発揮することがあります。

なお、何層以上のケースを深層学習と呼ぶかについては、明確な定義はありません。層がいくつも重なったニューラルネットワークによる学習を、漠然と深層学習と呼ぶようです。基本的に、層の数が多くなるほどネットワークの表現力は向上するのですが、それに伴い学習は難しくなります。

深層学習は、他の手法に比べて圧倒的に精度が高いことが多く、適用範囲が狭ければ人間の能力を超えることさえあります。

また、深層学習はその汎用性の高さも特筆すべき点です。これまで人間にしかできなかった多くの分野で、部分的にではありますが、人間に取って代わりつつあります。深層学習は多くの可能性を秘めており、その成果は世の中に影響を与え続けています。今後、これまで想像もつかなかったような分野にも徐々に適用されていくことが予想されます。

本書では、このような深層学習をPyTorchを使い実装します。ニューラルネットワークの層を実装し、それを重ねるようにして深層学習を構築していきます。

1.3 まとめ

Chapter1で学んだことについてまとめます。

本チャプターでは、PyTorchと深層学習の概要について学びました。

本書では、Google Colaboratory環境でこのPyTorchを使い、様々な深層学習の技術を学びます。コードを書きながら、試行錯誤を重ねてPyTorchによる深層学習の実装に慣れていきましょう。

次のチャプターからは、実際にGoogle Colaboratory環境でPythonのコードを書いていきます。

Chapter 2 開発環境

本書で使用する開発環境、Google Colaboratoryの概要と使い方を解説します。Google Colaboratoryは、高機能でGPUが利用可能であるにもかかわらず、無料で簡単に始めることができます。
本チャプターには以下の内容が含まれます。

- Google Colaboratoryの始め方
- ノートブック の扱い方
- セッションとインスタンス
- CPUとGPU
- Google Colaboratoryの様々な機能
- 演習

最初に、Google Colaboratoryの始め方、そしてコードや文章を記述可能なノートブックの扱い方について解説します。
また、CPUとGPU、そしてセッションとインスタンスについて解説します。深層学習にはしばしば大きな計算量が必要になるので、これらの概念を把握しておくことは大事です。
その上で、Google Colaboratoryの各設定と様々な機能を解説します。
Google Colaboratoryは人工知能の学習や研究にとても便利な環境ですので、使い方を覚えて、いつでも気軽にコードを試せるようになりましょう。

2.1 Google Colaboratoryの始め方

Google Colaboratoryは、Googleが提供する研究、教育向けのPythonの実行環境で、クラウド上で動作します。ブラウザ上でとても手軽に機械学習のコードを試すことができて、なおかつGPUも無料で利用可能なので、近年人気が高まっています。
なお、以降Google Colaboratoryのことを略して「Colab」と書くことがあります。

2.1.1 Google Colabortoryの下準備

Google Colabortoryを使うためには、Googleアカウントを持っている必要があります。持っていない方は、以下のURLで取得しましょう。

- **Googleアカウント**
  URL https://myaccount.google.com/

Googleアカウントが取得済みであることを確認したら、以下のGoogle Colaboratoryのサイトにアクセスしましょう。

- **Google Colaboratory**
  URL https://colab.research.google.com/

ウィンドウが表示されてファイルの選択を求められることがありますが、とりあえずキャンセルします。
図2.1のような導入ページが表示されることを確認しましょう。

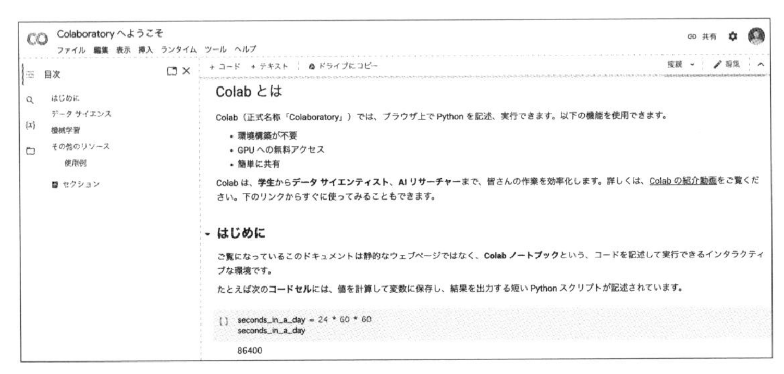

図2.1 Google Colaboratoryの導入ページ

Google Colaboratoryはクラウド上で動作するので、端末へのインストールは必要はありません。

Google Colaboratoryに必要な設定は以上になります。

2.1.2 ノートブックの使い方

まずはGoogle Colaboratoryのノートブックを作成しましょう。ページの左上のメニューから「ファイル」（図2.2 ❶）→「ノートブックを新規作成」（図2.2 ❷）を選択します。

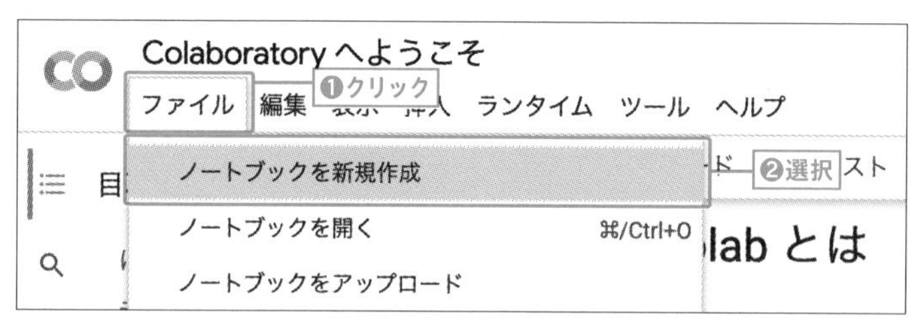

図2.2 ノートブックの新規作成

ノートブックが作成され、新しいタブに表示されます（図2.3）。ノートブックは、「.ipynb」という拡張子を持ち、Googleドライブの「Colab Notebooks」フォルダに保存されます。

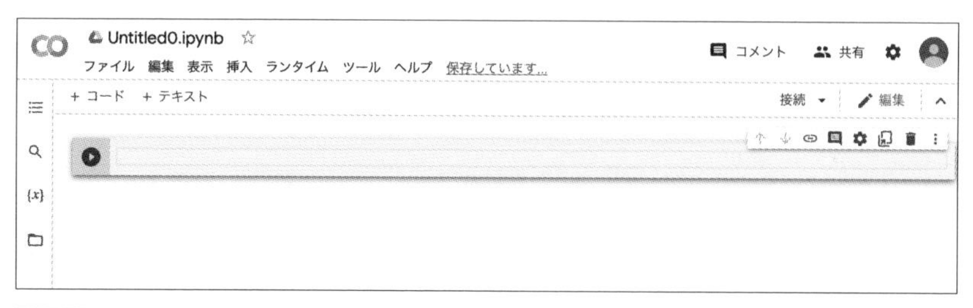

図2.3 ノートブックの画面

図2.3の画面では、上部にメニューなどが表示されており、様々な機能を使うことができます。

ノートブックの名前は作成直後「Untitled0.ipynb」などになっていますが、メニューから「ファイル」→「名前の変更」を選択することで変更可能です。「my_notebook.ipynb」などの好きな名前に変更しておきましょう。

Pythonのコードは、画面中央に位置する「コードセル」と呼ばれる箇所に入力します。リスト2.1のようなコードを入力した上で［Shift］＋［Enter］キー（macOSの場合は［Shift］＋［Return］キー）を押してみましょう。コードが実行されます。

リスト2.1 入力するコード

```
print("Hello World!")
```

リスト2.1のコードを実行すると、コードセルの下部にリスト2.2の実行結果が表示されます。

リスト2.2 実行結果

```
Hello World!
```

Google Colaboratoryのノートブック上で、Pythonのコードを実行することができました。コードセルが一番下に位置する場合、新しいセルが1つ下に自動で追加されます（図2.4）。

図2.4 新しいセルが1つ下に自動で追加される

また、コードは［Ctrl］＋［Enter］キーで実行することもできます。この場合、コードセルが一番下にあっても新しいセルが下に追加されません。同じセルが選択されたままとなります。

なお、コードはセル左の ● （「セルを実行」ボタン）で実行することも可能です。

以上で、Google ColaboratoryでPythonのコードを実行する準備は整いました。開発環境の構築にほとんど手間がかからないのは、Google Colaboratoryの大きな長所の1つです。

2.1.3 ダウンロードしたファイルの扱い方

本書のコードはダウンロード可能です。コードは.ipynb形式のファイルで、Googleドライブにアップロードすれば Google Colaboratoryで開くことができます。一度Googleドライブにアップした.ipynb形式のファイルは、ファイルを右クリックして（図2.5❶)、「アプリで開く」（図2.5❷）→「Google Colaboratory」を選択する（図2.5❸）などの方法で開くことができます。

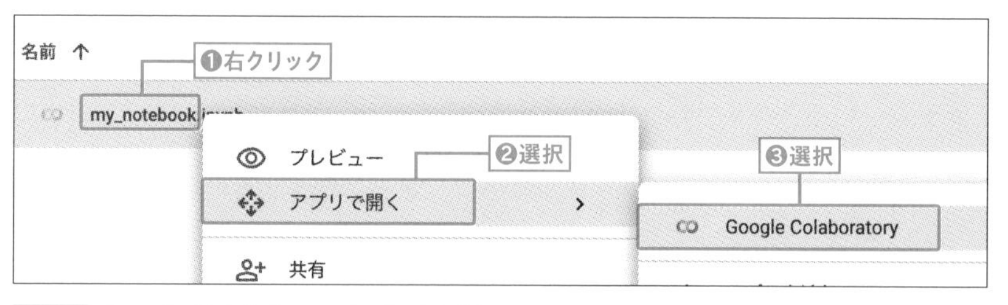

図2.5 Googleドライブのノートブックを開く

2.2 セッションとインスタンス

Google Colaboratoryにおける、「セッション」と「インスタンス」について解説します。Google Colaboratoryにはセッションとインスタンスに関して90分ルールと12時間ルールという独自のルールがあります。学習が長時間に及ぶ際に特に重要ですので、これらのルールの存在を把握しておきましょう。

2.2.1 セッション、インスタンスとは？

Google Colaboratoryでよく使われるセッションとインスタンスという用語について解説します。

「セッション」とは、ある活動を継続して行っている状態のことを意味します。インターネットにおいては、セッションは接続を確立してから切断するまでの一連の通信のことです。例えば、あるWebサイトにアクセスして、そのサイトを離れるかブラウザを閉じるまで、あるいはログインからログアウトまでが1つのセッションになります。

このように、セッションはある活動を継続して行っている状態のことで、活動の終了と同時にセッションも終了となりますが、一定時間、活動が休止していると自動的に終了となる場合もあります。

また、「インスタンス」は、ソフトウェアとして実装された仮想的なマシンを起動したものです。Google Colaboratoryでは、新しくノートブックを開くとこのインスタンスが立ち上がります。

Google Colaboratoryでは一人ひとりのGoogleアカウントと紐づいたインスタンスを立ち上げることができて、その中でGPUやTPUを利用することができます。

2.2.2 90分ルール

それでは、以上を踏まえた上で90分ルールについて解説します。「90分ルール」とは、ノートブックのセッションが切れてから90分程度経過すると、インスタンスが落とされるルールのことです。

ここで、そのインスタンスが落ちる過程について説明します。Google Colaboratoryを始めるために新しくノートブックを開きますが、その際に新しくインスタンスが立ち上がります。そして、インスタンスが起動中にブラウザを閉じたり、PCがスリープに入ったりするとセッションが切れます。このようにしてセッションが切れてから90分程度経過すると、インスタンスが落とされます。

インスタンスが落ちると学習がやり直しになってしまうので、より長い時間学習したい場合はノートブックを常にアクティブに保ったり学習中のパラメータをGoogleドライブに保存するなどの対策を行う必要があります。

2.2.3 12時間ルール

次に、12時間ルールです。「12時間ルール」とは、新しいインスタンスを起動してから最長12時間経過するとインスタンスが落とされるルールのことです。

新しくノートブックを開くと新しいインスタンスが立ち上がりますが、その間、新しくノートブックを開いても同じインスタンスが使われます。そして、インスタンスの起動から、すなわち最初に新しくノートブックを開いた時から最長12時間経過すると、インスタンスが落とされます。

従って、さらに長い時間学習を行いたい際は学習中のパラメータをGoogleドライブに保存するなどの対策を行う必要があります。

2.2.4 セッションの管理

メニューから「ランタイム」→「セッションの管理」でセッションの一覧が表示されます（図2.6）。この画面では、現在アクティブなセッションを把握したり、特定のセッションを閉じたりすることができます。

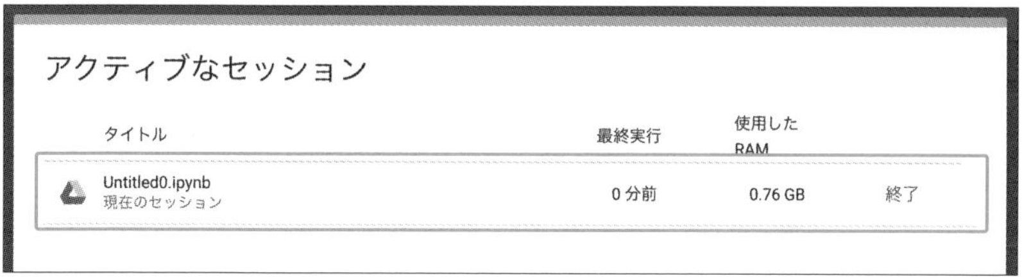

図2.6 セッションの一覧

2.3 CPUとGPU

Google ColaboratoryではGPUが無料で利用可能です。計算時間が大幅に短縮されますので、積極的に利用していきましょう。

2.3.1 CPU、GPU、TPUとは?

Google Colaboratoryでは、CPU、GPU、TPUが利用可能です。以下、それぞれについて解説します。

「CPU」は、Central Processing Unitの略で、コンピューターにおける中心的な処理装置です。CPUは入力装置などから受け取ったデータに対して演算を行い、結果を出力装置などで出力します。

それに対して、「GPU」は画像処理に特化した演算装置です。しかしながら、GPUは画像処理以外でも活用されます。CPUよりも並列演算性能に優れ、行列演算が得意なため深層学習でよく利用されます。

GPUとCPUの違いの1つは、そのコア数です。コアは実際に演算処理を行っている場所で、コア数が多いと一度に処理できる作業の数が多くなります。CPUのコア数は一般的に2から8個程度であるのに対して、GPUのコア数は数千個に及びます。

GPUはよく、「人海戦術」にたとえられます。GPUはシンプルな処理しかできませんが、たくさんの作業員が同時に作業することで、タスクによっては非常に効率的に作業を進めることができます。

それに対して、CPUは「少数精鋭」で、PC全体を管理する汎用プレーヤーです。OS、アプリケーション、メモリ、ストレージ、外部とのインターフェイスなど、様々なタイプの処理を次々にこなす必要があり、タスクを高速に順番に処理していきます。

GPUは、メモリにシーケンシャルにアクセスし、かつ条件分岐のない計算に強いという特性があります。そのような要件を満たす計算に、行列計算があります。深層学習では非常に多くの行列演算が行われますので、GPUが活躍します。

「TPU」は、Google社が開発、機械学習に特化した特定用途向け集積回路です。特定の条件においては、GPUよりも高速なことがあります。

Google ColaboratoryではGPUもTPUも無料で使えるのですが、本書では広く一般的に使われているGPUをメインに使用します。

2.3.2 GPUの使い方

Google ColaboratoryではGPUを無料で使うことができます。GPUの速度における優位性は、特に大規模な計算において顕著になります。

GPUは、メニューから「編集」→「ノートブックの設定」を選択して、「ハードウェアアクセラレータ」にGPUを設定することで使用可能になります(図2.7)。

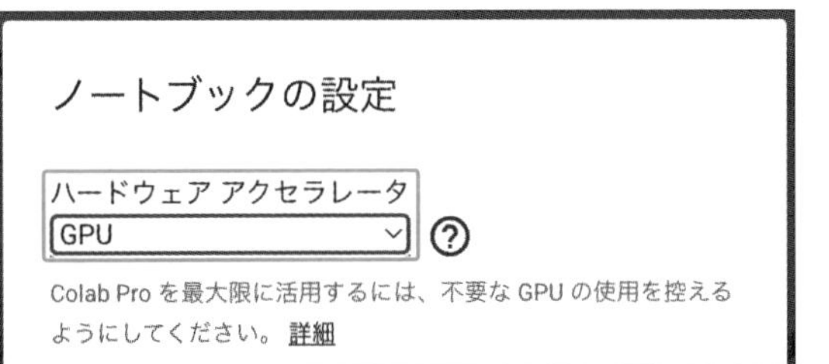

図2.7 GPUの利用

なお、Google ColaboratoryではGPUの利用に時間制限があります。GPUの利用時間について、詳しくは以下のページの「リソース制限」の記述などを参考にしてください。

- **Colaboratory：よくある質問**
  URL https://research.google.com/colaboratory/faq.html

2.3.3 パフォーマンスの比較

それでは、実際にPyTorchによる深層学習のコードを実行し、CPUを使った場合とGPUを使った場合の実行時間を比較してみましょう。

リスト2.3はPyTorchを使って実装した、典型的な畳み込みニューラルネットワークのコードです。ニューラルネットワークが5万枚の画像を学習します。

リスト2.3のコードを実行し、CPUとGPUで、実行に要する時間を比較しましょう。デフォルトではCPUが使用されますが、メニューから「編集」→「ノートブックの設定」を選択し、「ハードウェアアクセラレータ」で「GPU」を選択することでGPUが使用されるようになります。

リスト2.3 実行時間の計測

In

```
%%time

import torch
from torch import optim
import torch.nn as nn
import torch.nn.functional as F
from torchvision.datasets import CIFAR10
import torchvision.transforms as transforms
from torch.utils.data import DataLoader

cifar10_train = CIFAR10("./data", train=True, ➡
download=True, transform=transforms.ToTensor())
cifar10_test = CIFAR10("./data", train=False, ➡
download=True, transform=transforms.ToTensor())

batch_size = 64
train_loader = DataLoader(cifar10_train, ➡
batch_size=batch_size, shuffle=True)
test_loader = DataLoader(cifar10_test, ➡
batch_size=len(cifar10_test), shuffle=False)

class Net(nn.Module):
    def __init__(self):
        super().__init__()
        self.conv1 = nn.Conv2d(3, 6, 5)
        self.pool = nn.MaxPool2d(2, 2)
        self.conv2 = nn.Conv2d(6, 16, 5)
        self.fc1 = nn.Linear(16*5*5, 256)
        self.fc2 = nn.Linear(256, 10)

    def forward(self, x):
        x = self.pool(F.relu(self.conv1(x)))
        x = self.pool(F.relu(self.conv2(x)))
        x = x.view(-1, 16*5*5)
        x = F.relu(self.fc1(x))
        x = self.fc2(x)
        return x
```

```
net = Net()
if torch.cuda.is_available():
    net.cuda()

loss_fnc = nn.CrossEntropyLoss()
optimizer = optim.Adam(net.parameters())

record_loss_train = []
record_loss_test = []

x_test, t_test = iter(test_loader).next()
if torch.cuda.is_available():
    x_test, t_test = x_test.cuda(), t_test.cuda()

for i in range(10):
    net.train()
    loss_train = 0
    for j, (x, t) in enumerate(train_loader):
        if torch.cuda.is_available():
            x, t = x.cuda(), t.cuda()
        y = net(x)
        loss = loss_fnc(y, t)
        loss_train += loss.item()
        optimizer.zero_grad()
        loss.backward()
        optimizer.step()
    loss_train /= j+1
    record_loss_train.append(loss_train)

    net.eval()
    y_test = net(x_test)
    loss_test = loss_fnc(y_test, t_test).item()
    record_loss_test.append(loss_test)
```

Out

```
Downloading https://www.cs.toronto.edu/~kriz/➡
cifar-10-python.tar.gz to ./data/cifar-10-python.tar.gz

Extracting ./data/cifar-10-python.tar.gz to ./data
Files already downloaded and verified
CPU times: user 4min 1s, sys: 5.65 s, total: 4min 6s
Wall time: 4min 21s
```

表示された結果のうち、「Wall time」が全体の実行時間になります。

著者の手元で実行した結果、CPUの場合のWall timeは4分21秒、GPUの場合は1分33秒でした。このように、GPUを利用することで学習に要する時間を大幅に短縮することができます。なお、結果は実行時のGoogle Colaboratoryのその時点での仕様により変動します。

リスト2.3のようなコードの読み方については、Chapter5で改めて詳しく解説します。

2.4 Google Colaboratoryの様々な機能

Google Colaboratoryが持つ様々な機能を紹介します。

2.4.1 テキストセル

テキストセルには、文章を入力することができます。テキストセルは、ノートブック上部の「テキスト」をクリックすることで（図2.8）、追加されます。

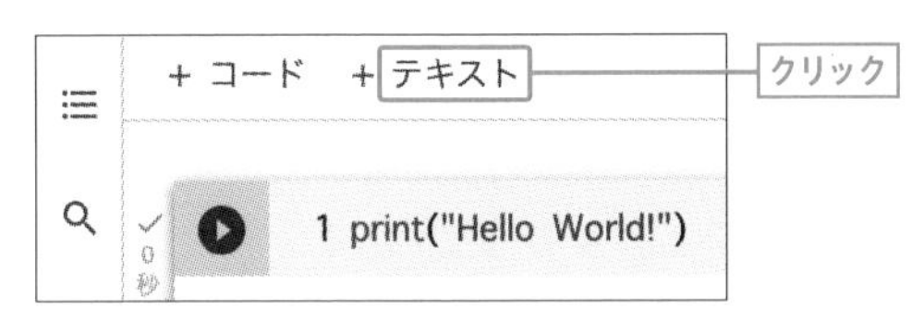

図2.8 テキストセルの追加

テキストセルの文章は、Markdown記法で整えることができます。また、LaTeXの記法により数式を記述することも可能です。

2.4.2 スクラッチコードセル

メニューから「挿入」→「スクラッチコードセル」を選択すると、手軽にコードを書いて試すことができるセルが画面右に出現します（図2.9）。

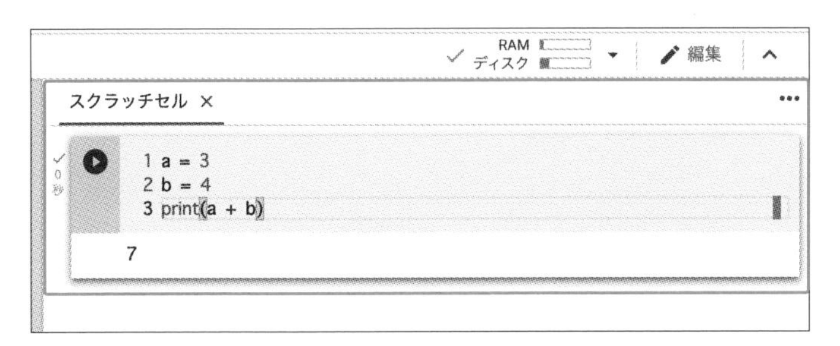

図2.9 スクラッチコードセル

スクラッチコードセルのコードは閉じると消えてしまうので、後に残す予定のないコードを試したい時に使用しましょう。

2.4.3　コードスニペット

メニューから「挿入」→「コードスニペット」を選択すると、様々なコードのスニペット（切り貼りして再利用可能なコード）をノートブックに挿入することができます（図2.10）。

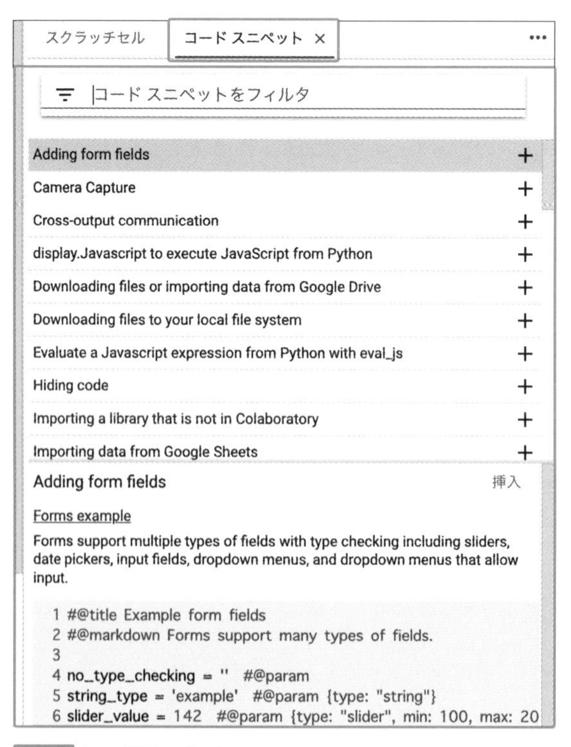

図2.10 コードスニペット

ファイルの読み書きや、Web関連の機能などを扱う様々なコードが予め用意されていますので、興味のある方は様々なスニペットを使ってみましょう。

2.4.4 コードの実行履歴

メニューから「表示」→「コードの実行履歴」を選択すると、コードの実行履歴を確認することができます（図2.11）。

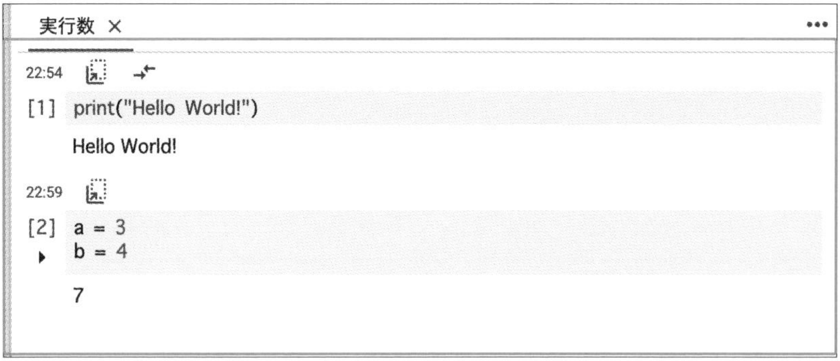

```
実行数 ×

22:54
[1] print("Hello World!")
    Hello World!

22:59
[2] a = 3
    b = 4

    7
```

図2.11 コードの実行履歴

2.4.5 GitHubとの連携

「Git」は、プログラミングによるサービス開発の現場などでよく使われている「バージョン管理システム」です。そして、GitHubは、Gitの仕組みを利用して、世界中の人々が自分のプロダクトを共有、公開することができるようにしたウェブサービスの名称です。

- **GitHub**
  URL https://github.com/

GitHubで作成されたリポジトリ（貯蔵庫のようなもの）は、無料の場合誰にでも公開されますが、有料の場合は指定したユーザーのみがアクセスできるプライベートなリポジトリを作ることができます。GitHubは、PyTorchの他にTensorFlowやKerasなどのオープンソースプロジェクトの公開にも利用されています。

このGitHubにGoogle Colaboratoryのノートブックをアップロードすることにより、ノートブックを一般に公開したり、チーム内で共有することができます。

GitHubのアカウントを持っていれば、Google Colaboratoryのメニューから「ファイル」→「GitHubにコピーを保存」を選択することで、既存のGitHubのリポジトリにノートブックをアップロードすることが可能です（図2.12）。

図2.12 GitHubのリポジトリにノートブックのコピーを保存

他にも、Google Colaboratoryは様々な便利な機能を持っているので、ぜひ試してみましょう。

2.5 演習

本チャプターの演習は、Google Colaboratoryの基本操作の練習です。以下の操作を行い、コードセル、テキストセルなどの扱いに慣れていきましょう。

2.5.1 コードセルの操作

コードセルに関する、以下の操作を行いましょう（リスト2.4）。

- コードセルの新規作成
- コードセルにPythonのコードを記述し、「Hello World!」と表示
- 以下のPythonのコードを記述し、実行する

リスト2.4 実行するサンプル

```
a = 12
b = 34
print(a + b)
```

2.5.2 テキストセルの操作

テキストセルに関する、以下の操作を行いましょう。

- テキストセルの新規作成
- テキストセルに文章を記述

また、選択中のテキストセルの上部に表示されるアイコンを使って以下の操作を行いましょう（図2.13）。

- 文章の一部を太字にする
- 文章の一部を斜体にする
- 番号付きリストを追加する
- 箇条書きリストを追加する

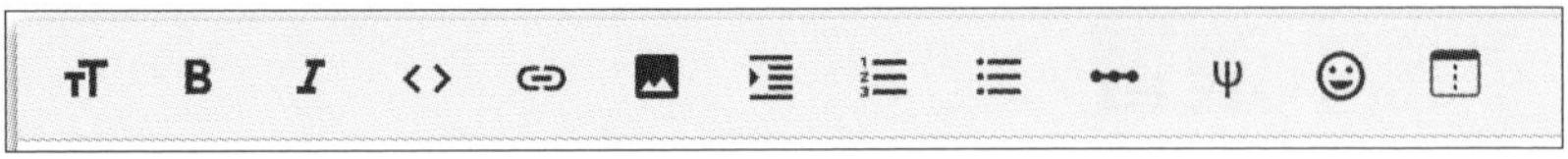

図2.13 選択中のテキストセル上部に表示されるアイコン

リスト2.5 のLaTeXの記述を含むコードをテキストセルに記述し、数式が表示されることを確認しましょう（図2.14）。

リスト2.5 LaTeXの記述を含むコード

```
$$y=¥sum_{k=1}^5 a_kx_k + ¥frac{b^2}{c}$$
```

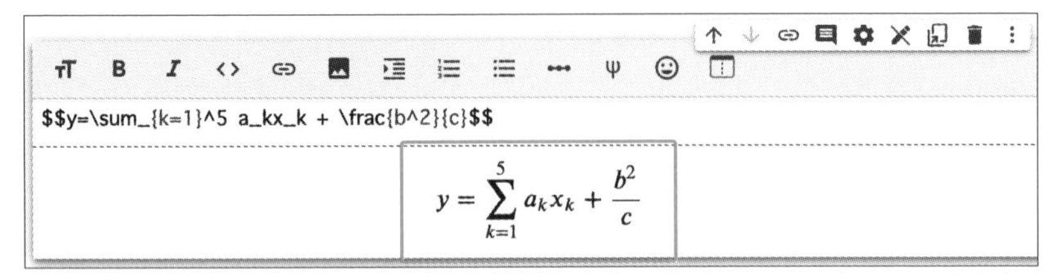

図2.14 テキストセルに数式を表示する

2.5.3 セルの位置変更と削除

コードセル、テキストセル共通の右上のアイコンを使い、以下の操作を行いましょう（図2.15）。

- セルの上下の入れ替え
- セルの削除

図2.15 セル右上のアイコン

2.6 まとめ

Chapter2で学んだことについてまとめます。

本チャプターでは、開発環境であるGoogle Colaboratoryについて学びました。基本的に無料であるにもかかわらず、環境構築が容易であり、なおかつ高機能な実行環境です。

以降の章では、本チャプターの内容をベースに深層学習のPyTorch実装を学んでいきます。

Google Colaboratoryには本書では紹介していない様々な機能がまだまだありますので、興味のある方はぜひ試してみてください。

ちなみに、本書はこのGoogle Colaboratory環境で執筆しました。Google Colaboratoryは技術記事の執筆にもお勧めです。

Chapter 3 PyTorchで実装する簡単な深層学習

このチャプターでは、PyTorchを使い簡単な深層学習を実装します。
本チャプターには以下の内容が含まれます。

- 実装の概要
- Tensor
- 活性化関数
- 損失関数
- 最適化アルゴリズム
- シンプルな深層学習の実装
- 演習

本チャプターでは、Google Colaboratory上でシンプルな深層学習を実装します。実装の概要の解説から始まりますが、その後PyTorchのコードを読み書きするために必要な、Tensor、活性化関数、損失関数、最適化アルゴリズムなどの概念を順を追って解説します。
そして、PyTorchによるシンプルな深層学習のコードを解説します。構築したモデルは訓練データを使って訓練されます。そして、この訓練済みのモデルを使用して、未知のデータを使った予測を行います。
最後にこのチャプターの演習を行います。
チャプターの内容は以上になります。簡単な深層学習を実装することにより、PyTorchによる深層学習の実装の全体像が把握できるかと思います。PyTorchで深層学習のコードを書くことに、これから少しずつ慣れていきましょう。

3.1 実装の概要

深層学習の実装に必要な概念、及び実装のおおまかな手順について解説します。

3.1.1 「学習するパラメータ」と「ハイパーパラメータ」

学習するパラメータ

ニューラルネットワークは多数の「学習するパラメータ」を持ちます。深層学習の目的は、この学習するパラメータを最適化することです。

それでは、この学習するパラメータを具体的に見ていきましょう。典型的な全結合型ニューラルネットワークでは、図3.1のようにニューロンが層状に並んでいます。

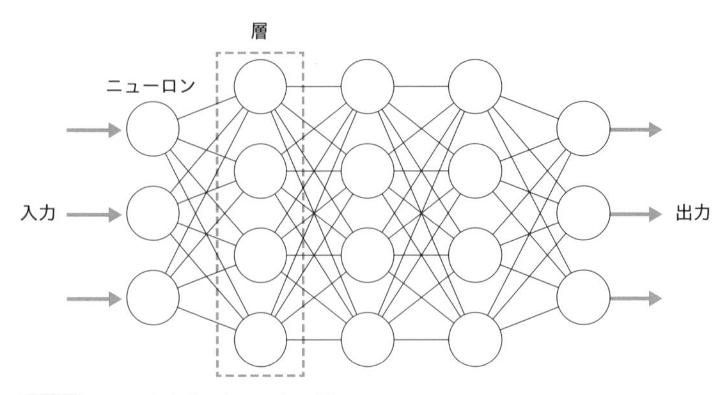

図3.1 ニューラルネットワークの層

1つのニューロンからの出力が、前後の層の全てのニューロンの入力とつながっています。しかしながら、同じ層のニューロン同士は接続されません。

次に、構成単位であるニューロンの内部構造を見ていきます（図3.2）。

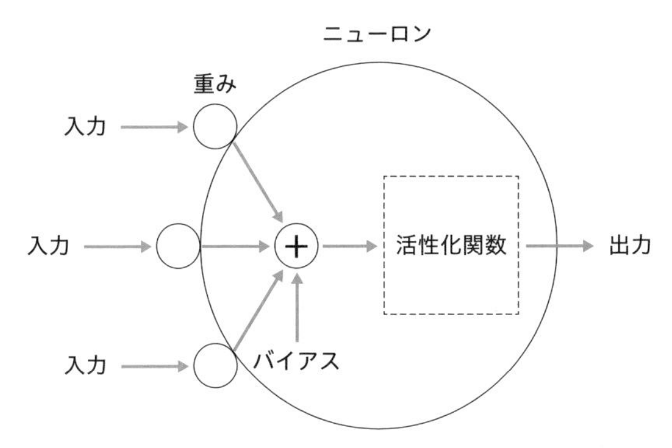

図3.2 ニューロンの内部構造

1つのニューロンには複数の入力がありますが、それぞれに「重み」をかけ合わせて総和をとります。次にこれに「バイアス」を足し合わせて、活性化関数により処理を行うことで出力とします。

これらの、「重み」と「バイアス」がこのニューラルネットワークの「学習するパラメータ」になります。これらの値を調整し、最適化するようにニューラルネットワークは学習します。

この最適化のために使われるのが、バックプロパゲーション（誤差逆伝播法）と呼ばれるアルゴリズムです。ニューラルネットワーク全体に入力と出力があるのですが、出力と正解の誤差が小さくなるように学習するパラメータを調整することで学習することができます。

図3.3 にバックプロパゲーションの概要を示します。

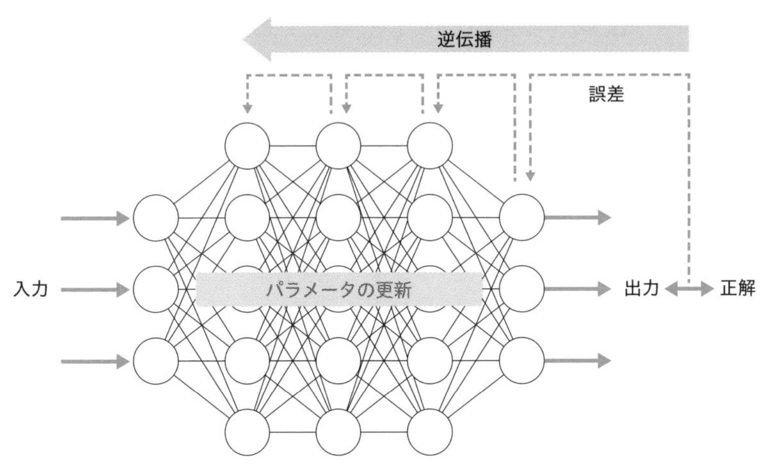

図3.3 バックプロパゲーション

バックプロパゲーションでは、ニューラルネットワークをデータが遡るようにして、ネットワークの各層のパラメータが少しずつ調整されます。これにより、ネットワークは次第に学習し、適切な予測が行われるようになります。

なお、学習するパラメータは、全結合層における重みとバイアスだけではありません。Chapter5ではCNNを扱いますが、畳み込み層の「フィルタ」も学習するパラメータを持ちます。

今後、単に「パラメータ」と記載した場合、このような学習するパラメータのことを指すことにします。

ハイパーパラメータ

それに対して、変更されずに固定されたままのパラメータを「ハイパーパラメータ」と呼びます。層の数や各層のニューロン数、**3.5節**の最適化アルゴリズムの種類や定数、CNNにおけるフィルタのサイズはハイパーパラメータです。学習をスムーズに進めるために、ハイパーパラメータは最初に慎重に設定する必要があります。

3.1.2　順伝播と逆伝播

ニューラルネットワークにおいて、入力から出力に向けて情報が伝わっていくことを「順伝播」といいます。ある入力に対応する出力を、「予測値」と解釈します。順伝播は、よく「forward」というメソッド名と関連付けられます。

逆に、出力から入力に向けて情報が遡っていくことを「逆伝播」と言います。逆伝播はバックプロパゲーションによって行われ、ニューラルネットワークの学習に使われます。逆伝播は、よく「backward」というメソッド名と関連付けられます。

順伝播と逆伝播の関係を 図3.4 に示します。

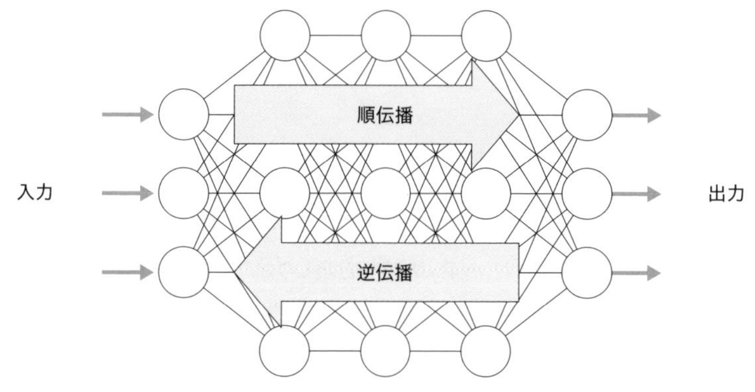

図3.4 順伝播と逆伝播

なお、PyTorchにおいて順伝播のコードは自分で書く必要がありますが、逆伝播は自動で行われるので自分で具体的なコードを書く必要はありません。

3.1.3 実装の手順

以上を踏まえて、以下の手順で深層学習を実装します。

1. データの前処理

データをPyTorchの入力として適した形に、そして学習が適切に進むように変換します。

2. モデルの構築

層や活性化関数などを適切な順番で並べて、深層学習のモデルを構築します。

3. 学習

訓練用のデータを使って、モデルを訓練します。順伝播の出力が適切な値になるように、逆伝播を使ってパラメータを調整します。

4. 検証

訓練したモデルが適切に動作するかどうか、未知のデータ（訓練データにないデータ）を使って検証します。

3.2 Tensor

TensorはPyTorchにおいて最も基本となるデータ構造です。今回は、Tensorの生成、Tensor同士の計算、Tesorの操作などのコードを、Google Colaboratoryで練習します。
Tensorは数値計算ライブラリNumPyの配列と扱い方が似ていますが、相違点も多いです。大きな違いの1つは、TensorはNumPyの配列と異なり、計算履歴の保持や自動微分に対応している点です。これについては、**4.1**節「自動微分」で解説します。

3.2.1 パッケージの確認

Google Colaboratoryの環境にインストール済みのパッケージを全て表示します（リスト3.1）。
PyTorchが「torch」という名前でインストールされていることを確認しましょう。

リスト3.1 Google Colaboratory環境におけるパッケージの一覧を表示

In

```
!pip list
```

Out

```
Package                        Version
------------------------------ ---------------------
absl-py                        1.0.0
alabaster                      0.7.12
albumentations                 0.1.12
altair                         4.2.0
appdirs                        1.4.4
argon2-cffi                    21.3.0
argon2-cffi-bindings           21.2.0
arviz                          0.12.0
astor                          0.8.1
astropy                        4.3.1
...（略）...
```

```
torch                          1.11.0+cu113
torchaudio                     0.11.0+cu113
torchsummary                   1.5.1
torchtext                      0.12.0
torchvision                    0.12.0+cu113
... (略) ...
```

3.2.2 Tensorの生成

Tensorは様々な方法で生成することができますが、リスト3.2のコードではtorchの`tensor()`関数によりTensorを生成します。

この場合は、PythonのリストからTensorを生成します。また、`type()`により型を確認します。

リスト3.2 Tensorをリストから生成

In

```
import torch

a = torch.tensor([1,2,3])
print(a, type(a))
```

Out

```
tensor([1, 2, 3]) <class 'torch.Tensor'>
```

他にも、様々な方法でTensorを生成することができます（リスト3.3）。

リスト3.3 様々な方法でTensorを生成する

In

```
print("--- 2次元のリストから生成 ---")
b = torch.tensor([[1, 2],
                  [3, 4]])
print(b)

print("--- dypeを指定し、倍精度のTensorにする ---")
c = torch.tensor([[1, 2],
                  [3, 4]], dtype=torch.float64)
print(c)
```

```
print("--- 0から9までの数値で初期化 ---")
d = torch.arange(0, 10)
print(d)

print("--- 全ての値が0の、2×3のTensor ---")
e = torch.zeros(2, 3)
print(e)

print("--- 全ての値が乱数の、2×3のTensor ---")
f = torch.rand(2, 3)
print(f)

print("--- Tensorの形状はsizeメソッドで取得 ---")
print(f.size())
```

Out

```
--- 2次元のリストから生成 ---
tensor([[1, 2],
        [3, 4]])
--- dypeを指定し、倍精度のTensorにする ---
tensor([[1., 2.],
        [3., 4.]], dtype=torch.float64)
--- 0から9までの数値で初期化 ---
tensor([0, 1, 2, 3, 4, 5, 6, 7, 8, 9])
--- 全ての値が0の、2×3のTensor ---
tensor([[0., 0., 0.],
        [0., 0., 0.]])
--- 全ての値が乱数の、2×3のTensor ---
tensor([[0.1359, 0.5293, 0.6867],
        [0.5327, 0.2675, 0.3909]])
--- Tensorの形状はsizeメソッドで取得 ---
torch.Size([2, 3])
```

linspace()関数を使えば、指定した範囲で連続値を生成することができます。グラフの横軸などによく使用されます（リスト3.4）。

リスト3.4 linspace() 関数でTensorを生成する

In

```
print("--- -5から5までの連続値を10生成 ---")
g = torch.linspace(-5, 5, 10)
print(g)
```

Out

```
--- -5から5までの連続値を10生成 ---
tensor([-5.0000, -3.8889, -2.7778, -1.6667, -0.5556,➡
  0.5556,  1.6667,  2.7778,
         3.8889,  5.0000])
```

3.2.3 NumPyの配列とTensorの相互変換

機械学習では数値演算ライブラリNumPyの配列がよく使われるので、Tensorとの相互変換は重要です。

TensorをNumPyの配列に変換するためには、numpy()メソッドを使います。また、from_numpy()関数でNumPyの配列をTensorに変換することができます（リスト3.5）。

リスト3.5 NumPyの配列とTensorの相互変換

In

```
print("--- Tensor → NumPy ---")
a = torch.tensor([[1, 2],
                  [3, 4.]])
b = a.numpy()
print(b)

print("--- NumPy → Tensor ---")
c = torch.from_numpy(b)
print(c)
```

Out

```
--- Tensor → NumPy ---
[[1. 2.]
 [3. 4.]]
--- NumPy → Tensor ---
tensor([[1., 2.],
        [3., 4.]])
```

3.2.4 範囲を指定してTensorの一部にアクセス

様々な方法で、Tensorの一部に範囲を指定してアクセスすることができます（リスト3.6）。

リスト3.6 範囲を指定してTensorの要素にアクセスする

In

```
a = torch.tensor([[1, 2, 3],
                  [4, 5, 6]])

print("--- 2つのインデックスを指定 ---")
print(a[0, 1])

print("--- 範囲を指定 ---")
print(a[1:2, :2])

print("--- リストで複数のインデックスを指定 ---")
print(a[:, [0, 2]])

print("--- 3より大きい要素のみを指定 ---")
print(a[a>3])

print("--- 要素の変更 ---")
a[0, 2] = 11
print(a)

print("--- 要素の一括変更 ---")
a[:, 1] = 22
print(a)
```

```
print("--- 10より大きい要素のみ変更 ---")
a[a>10] = 33
print(a)
```

Out

```
--- 2つのインデックスを指定 ---
tensor(2)
--- 範囲を指定 ---
tensor([[4, 5]])
--- リストで複数のインデックスを指定 ---
tensor([[1, 3],
        [4, 6]])
--- 3より大きい要素のみを指定 ---
tensor([4, 5, 6])
--- 要素の変更 ---
tensor([[ 1,  2, 11],
        [ 4,  5,  6]])
--- 要素の一括変更 ---
tensor([[ 1, 22, 11],
        [ 4, 22,  6]])
--- 10より大きい要素のみ変更 ---
tensor([[ 1, 33, 33],
        [ 4, 33,  6]])
```

3.2.5 Tensorの演算

Tensor同士の演算は、一定のルールに基づき行われます。形状が異なるTensor同士でも、条件を満たしていれば演算できることがあります（リスト3.7）。

リスト3.7 Tensorの演算

In

```
# ベクトル
a = torch.tensor([1, 2, 3])
b = torch.tensor([4, 5, 6])

# 行列
c = torch.tensor([[6, 5, 4],
                  [3, 2, 1]])
```

```
print("--- ベクトルとスカラーの演算 ---")
print(a + 3)

print("--- ベクトル同士の演算 ---")
print(a + b)

print("--- 行列とスカラーの演算 ---")
print(c + 2)

print("--- 行列とベクトルの演算（ブロードキャスト）---")
print(c + a)

print("--- 行列同士の演算 ---")
print(c + c)
```

Out

```
--- ベクトルとスカラーの演算 ---
tensor([4, 5, 6])
--- ベクトル同士の演算 ---
tensor([5, 7, 9])
--- 行列とスカラーの演算 ---
tensor([[8, 7, 6],
        [5, 4, 3]])
--- 行列とベクトルの演算（ブロードキャスト）---
tensor([[7, 7, 7],
        [4, 4, 4]])
--- 行列同士の演算 ---
tensor([[12, 10,  8],
        [ 6,  4,  2]])
```

cとaの和では「ブロードキャスト」が使われています。ブロードキャストは条件を満たしていれば形状が異なるTensor同士でも演算が可能になる機能ですが、この場合cの各行にaの対応する要素が足されることになります。

3.2.6 Tensorの形状を変換

Tensorには、その形状を変換する関数やメソッドがいくつか用意されています。view()メソッドを使えば、Tensorの形状を自由に変更することができます（リスト3.8）。

リスト3.8 view() メソッドによるTensor形状の変換

In

```
a = torch.tensor([0, 1, 2, 3, 4, 5, 6, 7])  # 1次元のTensor
b = a.view(2, 4)  # (2, 4)の2次元のTensorに変換
print(b)
```

Out

```
tensor([[0, 1, 2, 3],
        [4, 5, 6, 7]])
```

複数ある引数のうち1つを-1にすれば、その次元の要素数は自動で計算されます。リスト3.9の例では、引数に2と4を指定すべきところを2と-1を指定しています。

リスト3.9 view() メソッドの引数の1つを-1にする

In

```
c = torch.tensor([0, 1, 2, 3, 4, 5, 6, 7])  # 1次元のTensor
d = c.view(2, -1)  # (2, 4)の2次元のTensorに変換
print(d)
```

Out

```
tensor([[0, 1, 2, 3],
        [4, 5, 6, 7]])
```

また、引数を-1のみにすると、Tensorは1次元に変換されます（リスト3.10）。

リスト3.10 view() メソッドの引数を-1のみにする

In

```
e = torch.tensor([[[0, 1],
                   [2, 3]],
                  [[4, 5],
                   [6, 7]]])  # 3次元のTensor
f = c.view(-1)  # 1次元のTensorに変換
print(f)
```

Out

```
tensor([0, 1, 2, 3, 4, 5, 6, 7])
```

また、squeeze()メソッドを使えば、要素数が1の次元が削除されます（リスト3.11）。

リスト3.11 squeeze()メソッドにより、要素数1の次元を削除する

In

```
print("--- 要素数が1の次元が含まれる4次元のTensor ---")
g = torch.arange(0, 8).view(1, 2, 1, 4)
print(g)

print("--- 要素数が1の次元を削除 ---")
h = g.squeeze()
print(h)
```

Out

```
--- 要素数が1の次元が含まれる4次元のTensor ---
tensor([[[[0, 1, 2, 3]],

         [[4, 5, 6, 7]]]])
--- 要素数が1の次元を削除 ---
tensor([[0, 1, 2, 3],
        [4, 5, 6, 7]])
```

逆に、unsqueeze()メソッドを使えば要素数が1の次元を追加することができます（リスト3.12）。

リスト3.12 unsqueeze()メソッドにより、要素数1の次元を追加する

In

```
print("--- 2次元のTensor ---")
i = torch.arange(0, 8).view(2, -1)
print(i)

print("--- 要素数が1の次元を、一番内側（2）に追加 ---")
j = i.unsqueeze(2)
print(j)
```

Out

```
--- 2次元のTensor ---
tensor([[0, 1, 2, 3],
        [4, 5, 6, 7]])
--- 要素数が1の次元を、一番内側（2）に追加 ---
tensor([[[0],
         [1],
         [2],
         [3]],

        [[4],
         [5],
         [6],
         [7]]])
```

3.2.7 様々な統計値の計算

平均値、合計値、最大値、最小値などTensorの様々な統計値を計算する関数とメソッドが用意されています。TensorからPythonの通常の値を取り出すためには、item()メソッドを使います（リスト3.13）。

リスト3.13 Tensorの様々な統計値を計算する

In

```
a = torch.tensor([[1, 2, 3],
                  [4, 5, 6.]])

print("--- 平均値を求める関数 ---")
m = torch.mean(a)
print(m.item())  # item()で値を取り出す

print("--- 平均値を求めるメソッド ---")
m = a.mean()
print(m.item())

print("--- 列ごとの平均値 ---")
print(a.mean(0))
```

```
print("--- 合計値 ---")
print(torch.sum(a).item())

print("--- 最大値 ---")
print(torch.max(a).item())

print("--- 最小値 ---")
print(torch.min(a).item())
```

Out

```
--- 平均値を求める関数 ---
3.5
--- 平均値を求めるメソッド ---
3.5
--- 列ごとの平均値 ---
tensor([2.5000, 3.5000, 4.5000])
--- 合計値 ---
21.0
--- 最大値 ---
6.0
--- 最小値 ---
1.0
```

3.2.8 プチ演習：Tensor同士の演算

リスト3.14のTensor、aとbの間で、以下の演算子を使って演算を行い、結果を表示しましょう。

和　　　　：+
差　　　　：-
積　　　　：*
商（小数）：/
商（整数）：//
余り　　　：%

aは2次元でbは1次元なので、ブロードキャストが必要になります。

リスト3.14 プチ演習：Tensor同士の演算

In

```
import torch

a = torch.tensor([[1, 2, 3],
                  [4, 5, 6]])
b = torch.tensor([1, 2, 3])

print("--- 和 ---")


print("--- 差 ---")


print("--- 積 ---")


print("--- 商（小数）---")


print("--- 商（整数）---")


print("--- 余り ---")
```

3.2.9 解答例

リスト3.15 は解答例です。

リスト3.15 解答例：Tensor同士の演算

In

```
import torch

a = torch.tensor([[1, 2, 3],
                  [4, 5, 6]])
b = torch.tensor([1, 2, 3])
```

```
print("--- 和 ---")
print(a + b)

print("--- 差 ---")
print(a - b)

print("--- 積 ---")
print(a * b)

print("--- 商（小数）---")
print(a / b)

print("--- 商（整数）---")
print(a // b)

print("--- 余り ---")
print(a % b)
```

Out

```
--- 和 ---
tensor([[2, 4, 6],
        [5, 7, 9]])
--- 差 ---
tensor([[0, 0, 0],
        [3, 3, 3]])
--- 積 ---
tensor([[ 1,  4,  9],
        [ 4, 10, 18]])
--- 商（小数）---
tensor([[1.0000, 1.0000, 1.0000],
        [4.0000, 2.5000, 2.0000]])
--- 商（整数）---
tensor([[1, 1, 1],
        [4, 2, 2]])
--- 余り ---
tensor([[0, 0, 0],
        [0, 1, 0]])
```

```
/usr/local/lib/python3.7/dist-packages/➡
ipykernel_launcher.py:20: UserWarning: ➡
__floordiv__ is deprecated, and its behavior will ➡
change in a future version of pytorch. It currently ➡
rounds toward 0 (like the 'trunc' function NOT ➡
'floor'). This results in incorrect rounding for ➡
negative values. To keep the current behavior, ➡
use torch.div(a, b, rounding_mode='trunc'), ➡
or for actual floor division, ➡
use torch.div(a, b, rounding_mode='floor').
```

他にも、Tensorは様々な機能を持っています。詳しくは、以下の公式ドキュメントを参考にしてください。

- **torch.Tensor**
  URL https://pytorch.org/docs/stable/tensors.html

3.3 活性化関数

活性化関数は、言わばニューロンを興奮させるための関数です。ニューロンへの入力と重みをかけたものの総和にバイアスを足し合わせた値を、ニューロンの興奮状態を表す値に変換します。もし活性化関数がないと、ニューロンにおける演算は単なる積の総和になってしまい、ニューラルネットワークから複雑な表現をする能力が失われてしまいます。
様々な活性化関数がこれまでに考案されてきましたが、本節では代表的なものをいくつかを紹介します。

3.3.1 シグモイド関数

シグモイド関数は、0と1の間を滑らかに変化する関数です。関数への入力xが小さくなると関数の出力yは0に近づき、xが大きくなるとyは1に近づきます。

シグモイド関数は、ネイピア数の累乗を表すexpを用いて以下の式のように表します。

$$y = \frac{1}{1 + \exp(-x)}$$

この式において、xの値が負になり0から離れると、分母が大きくなるためyは0に近づきます。

また、xの値が正になり0から離れると、$\exp(-x)$は0に近づくためyは1に近づきます。式からグラフの形状を想像することができますね。

シグモイド関数は、リスト3.16のようにPyTorchのnnモジュールを使って実装することができます。グラフはmatplotlibを使って表示します。本書でmatplotlibの解説はしませんが、グラフや画像、アニメーションを表示するために便利なライブラリです。

リスト3.16 シグモイド関数

In

```
import torch
from torch import nn
import matplotlib.pylab as plt

m = nn.Sigmoid()  # シグモイド関数

x = torch.linspace(-5, 5, 50)
y = m(x)

plt.plot(x, y)
plt.show()
```

Out

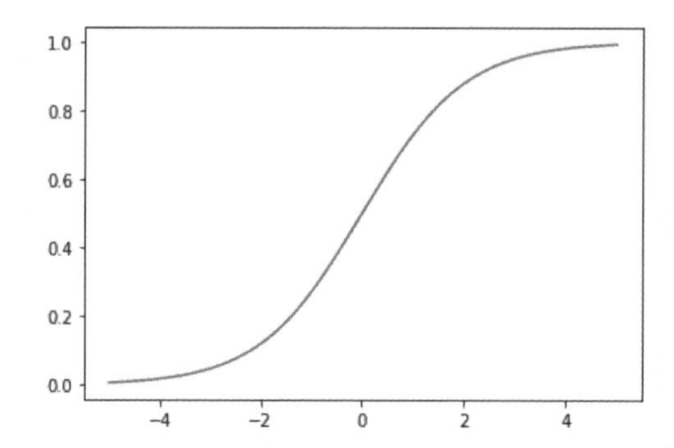

3.3.2 tanh

tanhはハイパボリックタンジェント（hyperbolic tangent）と読みます。tanhは-1と1の間を滑らかに変化する関数です。

曲線の形状はシグモイド関数に似ていますが、0を中心とした対称になっているのでバランスのいい活性化関数です。

tanhは、シグモイド関数と同じくネイピア数の累乗を用いた式で表されます。

$$y = \frac{\exp(x) - \exp(-x)}{\exp(x) + \exp(-x)}$$

シグモイド関数と同様に、tanhもPyTorchのnnモジュールを使って実装することができます（リスト3.17）。

リスト3.17 tanh関数

In

```
import torch
from torch import nn
import matplotlib.pylab as plt

m = nn.Tanh()  # tanh

x = torch.linspace(-5, 5, 50)
y = m(x)

plt.plot(x, y)
plt.show()
```

Out

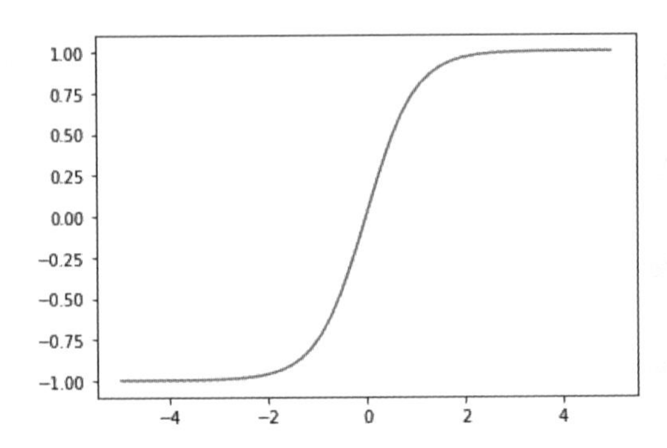

3.3.3 ReLU

ReLUはランプ関数とも呼ばれ、$x > 0$の範囲でのみ立ち上がるのが特徴的な活性化関数です。

ReLUは、以下のような式で表されます。

$$y = \begin{cases} 0 & (x \leqq 0) \\ x & (x > 0) \end{cases}$$

関数への入力xが0及び負の場合、関数の出力yは0に、xが正の場合、yはxと等しくなります。

ReLUも、PyTorchのnnモジュールを使って実装することができます（リスト3.18）。

リスト3.18 ReLU関数

In

```
import torch
from torch import nn
import matplotlib.pylab as plt

m = nn.ReLU()  # ReLU

x = torch.linspace(-5, 5, 50)
y = m(x)

plt.plot(x, y)
plt.show()
```

Out

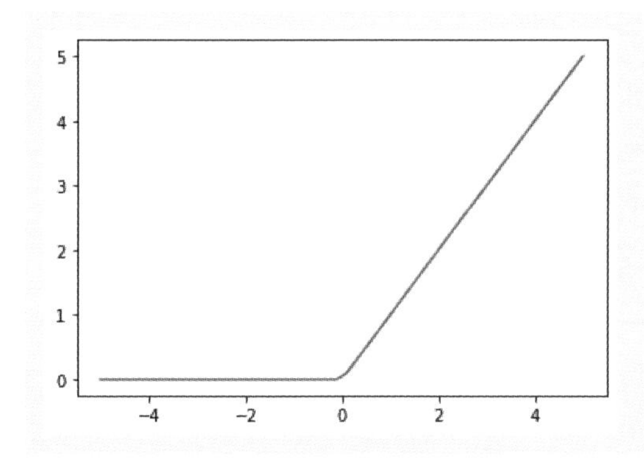

シンプルであり、なおかつ層の数が多くなっても安定した学習ができるので、近年の深層学習では主にこのReLUが出力層以外の活性化関数としてよく使われます。

3.3.4 恒等関数

恒等関数は、入力をそのまま出力として返す関数です。形状は直線になります。

恒等関数は、以下のシンプルな式で表されます。

$$y = x$$

恒等関数は、リスト3.19のようなコードで実装することができます。

リスト3.19 恒等関数

In

```
import torch
import matplotlib.pylab as plt

x = torch.linspace(-5, 5, 50)
y = x  # 恒等関数

plt.plot(x, y)
plt.show()
```

Out

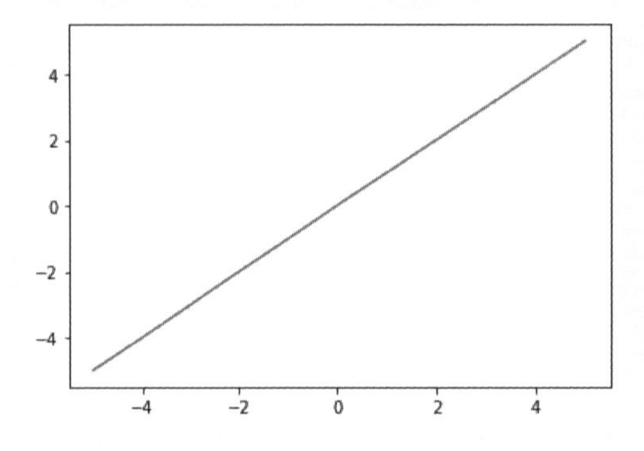

恒等関数は、ニューラルネットワークの出力層でしばしば使われます。

3.3.5 ソフトマックス関数

ソフトマックス関数は、ニューラルネットワークで分類を行う際に適した活性化関数で、ここまで扱ってきた他の活性化関数と比べて少々トリッキーな数式で表します。

活性化関数の出力をy、入力をxとし、同じ層のニューロンの数をnとするとソフトマックス関数は以下の式で表されます（式3.1）。

$$y = \frac{\exp(x)}{\sum_{k=1}^{n} \exp(x_k)}$$ 式3.1

この式で、右辺の分母$\sum_{k=1}^{n} \exp(x_k)$は、同じ層の各ニューロンの活性化関数への入力x_kから$\exp(x_k)$を計算し足し合わせたものです。

また、次の関係で表されるように、同じ層の全ての活性化関数の出力を足し合わせると1になります。

$$\sum_{l=1}^{n}\left(\frac{\exp(x_l)}{\sum_{k=1}^{n} \exp(x_k)}\right) = \frac{\sum_{l=1}^{n} \exp(x_l)}{\sum_{k=1}^{n} \exp(x_k)} = 1$$

これに加えて、ネイピア数のべき乗は常に0より大きいという性質があるので、$0 < y < 1$となります。

このため、式3.1のソフトマックス関数は、ニューロンが対応する枠に分類される確率を表現することができます。

ソフトマックス関数は、PyTorchのnnモジュールを使って実装することができます。リスト3.20の例では2次元のTensorを入力としていますが、`dim=1`のようにしてソフトマックス関数で処理する方向を指定する必要があります。

リスト3.20 ソフトマックス関数

In

```
import torch
from torch import nn
import matplotlib.pylab as plt

m = nn.Softmax(dim=1)  # 各行でソフトマックス関数

x = torch.tensor([[1.0, 2.0, 3.0],
                  [3.0, 2.0, 1.0]])
y = m(x)

print(y)
```

Out

```
tensor([[0.0900, 0.2447, 0.6652],
        [0.6652, 0.2447, 0.0900]])
```

出力された全ての要素は0から1の範囲に収まっており、各行の合計は1となっています。ソフトマックス関数が機能していることが確認できますね。

以上のような様々な活性化関数を、層の種類や扱う問題によって使い分けることになります。

なお、活性化関数はリスト3.21のようにtorchを使って実装することも可能です。しかしながら、本書ではこの書き方は選ばず、nnを使った記述に統一します。

リスト3.21 torchを使った活性化関数の実装

In

```
import torch
import matplotlib.pylab as plt

x = torch.linspace(-5, 5, 50)
y = torch.sigmoid(x)

plt.plot(x, y)
plt.show()
```

Out

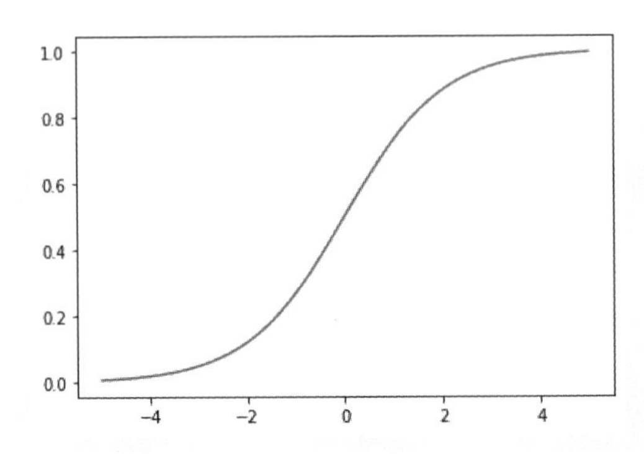

3.4 損失関数

損失関数（誤差関数）は、出力と正解の間の誤差を定義する関数です。損失関数には様々な種類がありますが、ここでは平均二乗誤差と交差エントロピー誤差、2つの損失関数を解説します。

3.4.1 平均二乗誤差

ニューラルネットワークには複数の出力があり、それと同じ数の正解があります。このイメージを図3.5に示します。

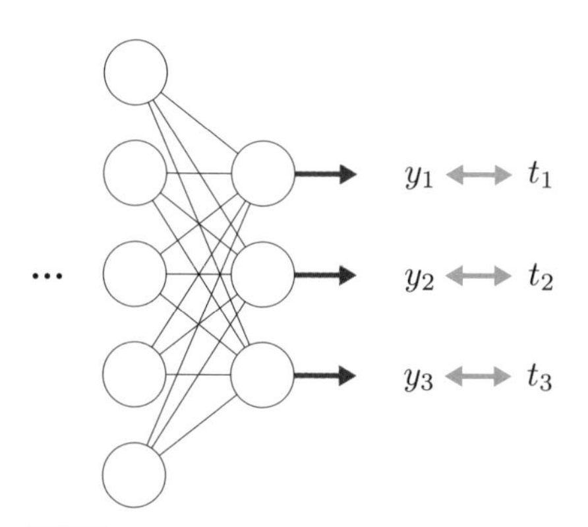

図3.5 出力と正解

この場合、y_1、y_2、y_3が出力で、t_1、t_2、t_3が正解です。

「平均二乗誤差」は、出力値と正解値の差を二乗し、全ての出力層のニューロンで平均をとることで定義される誤差です。

平均二乗誤差は、Eを誤差、nを出力層のニューロン数、y_kを出力層の各出力値、t_kを正解値として以下の式で表されます。

$$E = \frac{1}{n}\sum_{k=1}^{n}(y_k - t_k)^2$$

全ての出力層のニューロンでy_kとt_kの差を二乗し、平均をとっています。

平均二乗誤差のような損失関数を用いることで、ニューラルネットワークの出力がどの程度正解と一致しているかを定量化することができます。平均二乗誤差は、正解や出力が連続的な数値であるケースに向いています。

平均二乗誤差は、torch.nnのMSELoss()関数を使って実装することができます（リスト3.22）。

リスト3.22 平均二乗誤差

In

```
import torch
from torch import nn

y = torch.tensor([3.0, 3.0, 3.0, 3.0, 3.0])  # 出力
t = torch.tensor([2.0, 2.0, 2.0, 2.0, 2.0])  # 正解

loss_func = nn.MSELoss()  # 平均二乗誤差
loss = loss_func(y, t)
print(loss.item())
```

Out

```
1.0
```

リスト3.22のコードにおいて、出力yは3.0が5つの配列で、正解tは2.0が5つの配列です。これらの差の二乗の総和は5.0ですが、これを要素数の5で割って平均をとっているので、MSELoss()関数は1.0を返します。

平均二乗誤差が計算できていますね。正解と出力は、1.0程度離れていることになります。

3.4.2 交差エントロピー誤差

「交差エントロピー誤差」はニューラルネットワークで分類を行う際によく使用されます。交差エントロピー誤差は、以下のように出力y_kの自然対数と正解値t_kの積の総和を、マイナスにしたもので表されます。

$$E = -\sum_{k}^{n} t_k \log(y_k)$$

ニューラルネットワークで分類を行う際は、正解に1が1つで残りが0の「one-hot表現」（例：0, 1, 0, 0, 0）がよく使われます。上記の式では、右辺のシグマ内でt_kが1の項のみが残り、t_kが0の項は消えることになります。

交差エントロピー誤差は、torch.nnのCrossEntropyLoss()関数を使ってよく実装されますが、これは前節で解説したソフトマックス関数と交差エントロピー誤差が一緒になっており、これらを続けて計算します。この際の正解にはone-hot表現が使われますが、1の位置をインデックスで指定します（リスト3.23）。

リスト3.23 ソフトマックス関数＋交差エントロピー誤差

In

```
import torch
from torch import nn

# ソフトマックス関数への入力
x = torch.tensor([[1.0, 2.0, 3.0],  # 入力1
                  [3.0, 1.0, 2.0]])  # 入力2
# 正解（one-hot表現における1の位置）
t = torch.tensor([2,  # 入力1に対応する正解
                  0])  # 入力2に対応する正解

loss_func = nn.CrossEntropyLoss()  # ソフトマックス関数 + ➡
交差エントロピー誤差
loss = loss_func(x, t)
print(loss.item())
```

Out

```
0.40760600566864014
```

この場合、正解と出力は、0.4程度離れていることになります。

以上のようにして、ニューラルネットワークの出力と正解の間に誤差を定義することができます。このような誤差を最小化するように、学習するパラメータが調整されていくことになります。

3.5 最適化アルゴリズム

「最適化アリゴリズム」(Optimizer)は、誤差を最小化するための具体的なアルゴリズムです。各パラメータをその勾配を使って少しずつ調整し、誤差が最小になるようにネットワークを最適化します。
これまでに様々な最適化アルゴリズムが考案されてきましたが、PyTorchではoptimモジュールを使ってこれらを簡単に実装することができます。

3.5.1 勾配と勾配降下法

最適化アルゴリズムでは、誤差を最小化するために「勾配」を頼りにします。勾配とは、あるパラメータを変化させた場合誤差がどれだけ変化するか、その程度を表す値です。多数のパラメータのうちの1つをwとし、誤差をEとした場合、勾配は以下の式で表されます。

$$\frac{\partial E}{\partial w}$$

この式では、Eをwで「偏微分」しています。∂は偏微分を表す記号です。この場合、wのみが微小変化した時、Eがどれだけ変化するか、その変化の割合(=勾配)を偏微分の形で表しています。勾配を計算するためにはバックプロパゲーションが必要なのですが、本書ではその具体的なアルゴリズムは解説しません。

PyTorchではこの勾配を自動で計算することができますが、詳しくはChapter4の「自動微分」で解説します。

「勾配降下法」(gradient descent)は、この勾配を使って、最小値に向かって降下するようにパラメータを変化させるアルゴリズムです。最適化アルゴリズムは、この勾配降下法をベースにしています。

勾配降下法のイメージを 図3.6 に示します。

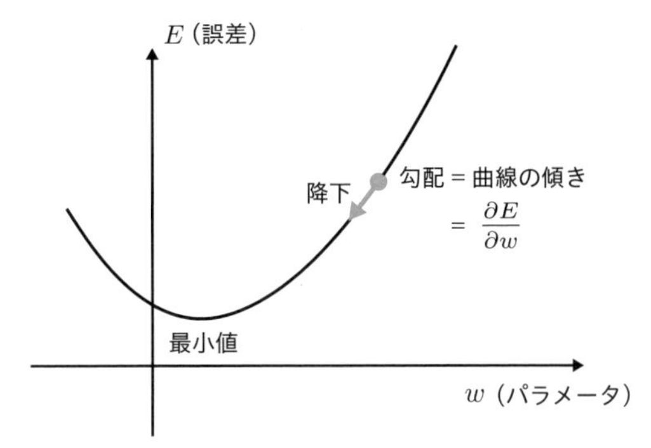

図3.6 勾配降下法

このグラフで、横軸のwがあるパラメータ、縦軸のEが誤差です。Eを最小化するために、wを坂道を滑り落ちるように少しずつ調整していきます。この図の曲線はシンプルな形状ですが、実際はもっと複雑で曲線の形状を知ることは大抵できません。従って、足元の曲線の傾き（＝勾配）に応じて少しずつ重みを修正していく、という戦略がとられます。

ネットワークの全てのパラメータを、このように曲線を降下するように少しずつ修正していけば、誤差を次第に小さくしていくことができます。

3.5.2 最適化アルゴリズムの概要

「最適化アルゴリズム」（Optimizer）は、パラメータを調整し誤差を最小化するための具体的なアルゴリズムです。たとえるなら、目をつぶったまま歩いて谷底を目指すための戦略です。何も見えないので、足元の傾斜のみが頼りです。

以下は、その際に考慮すべき要素の例です。

- 足元の傾斜
- それまでの経路
- 経過時間
- etc...

戦略を誤ると、局所的な凹みにとらわれてしまうかもしれませんし、谷底にたどり着くまで時間がかかりすぎてしまうかもしれません。

そのような意味で、効率的に最適解にたどり着くために最適化アルゴリズムの選択は重要です。これまでに、様々な最適化アルゴリズムが考案されていますが、今回はこのうち代表的なものをいくつか紹介します。

3.5.3 SGD

「SGD」(Stochastic gradient descent、確率的勾配降下法) は、以下の式で表されるシンプルな最適化アルゴリズムです。

$$w \leftarrow w - \eta \frac{\partial E}{\partial w}$$

wがあるパラメータで、Eが誤差です。ηは「学習係数」と呼ばれる定数で、学習の速度を決定します。

学習係数と勾配をかけてシンプルに更新量が決まるので、実装が簡単なのがメリットです。ただ、学習の進行具合に応じて柔軟に更新量の調整ができないのが問題点です。

PyTorchでは、以下のように`optim`モジュールを使ってSGDを実装することができます。

```
from torch import optim

optimizer = optim.SGD(...
```

3.5.4 Momentum

「Momentum」は、SGDにいわゆる「慣性」の項を加えた最適化アルゴリズムです。

以下は、Momentumによるパラメータwの更新式です。

$$w \leftarrow w - \eta \frac{\partial E}{\partial w} + \alpha \Delta w$$

この式において、αは慣性の強さを決める定数で、Δwは前回の更新量です。慣性項$\alpha \Delta w$により、新たな更新量は過去の更新量の影響を受けるようになります。

これにより、更新量の急激な変化が防がれ、パラメータの更新はより滑らかになります。一方、SGDと比較して設定が必要な定数がη、αと2つに増えるので、これらの調整に手間がかかる、という問題点も生じます。

PyTorchでは、以下のようにSGDの引数にMomentumのパラメータを指定することで実装することができます。

```
from torch import optim

optimizer = optim.SGD(..., momentum=0.9)
```

3.5.5 AdaGrad

「AdaGrad」は、更新量が自動的に調整されるのが特徴です。学習が進むと、学習率が次第に小さくなっていきます。

以下は、AdaGradによるパラメータwの更新式です。

$$h \leftarrow h + (\frac{\partial E}{\partial w})^2$$

$$w \leftarrow w - \eta \frac{1}{\sqrt{h}} \frac{\partial E}{\partial w}$$

この式では、更新の度にhが必ず増加します。このhは上記の下の式の分母にあるので、パラメータの更新を重ねると必ず減少していくことになります。総更新量が少ないパラメータは新たな更新量が大きくなり、総更新量が多いパラメータは新たな更新量が小さくなります。これにより、広い領域から次第に探索範囲を絞る、効率のいい探索が可能になります。

AdaGradには調整する必要がある定数がηしかないので、最適化に悩まずに済むというメリットがあります。AdaGradのデメリットは、更新量が常に減少するので、途中で更新量がほぼ0になってしまい学習が進まなくなってしまうパラメータが多数生じる可能性がある点です。

PyTorchでは、以下のように`optim`モジュールを使ってAdaGradを実装することができます。

```
from torch import optim

optimizer = optim.Adagrad(...
```

3.5.6 RMSProp

「RMSProp」では、AdaGradの更新量の低下により学習が停滞するという問題が克服されています。

以下は、RMSPropによるパラメータwの更新式です。

$$h \leftarrow \rho h + (1-\rho)(\frac{\partial E}{\partial w})^2$$

$$w \leftarrow w - \eta \frac{1}{\sqrt{h}} \frac{\partial E}{\partial w}$$

ρにより、過去のhをある割合で「忘却」します。これにより、更新量が低下したパラメータでも再び学習が進むようになります。

PyTorchでは、以下のように`optim`モジュールを使ってRMSPropを実装することができます。

```
from torch import optim

optimizer = optim.RMSprop(...
```

3.5.7 Adam

「Adam」(Adaptive moment estimation)は様々な最適化アルゴリズムの良い点を併せ持ちます。そのため、しばしば他のアルゴリズムよりも高い性能を発揮することがあります。

以下は、Adamによるパラメータwの更新式です。

$$m_0 = v_0 = 0$$
$$m_t = \beta_1 m_{t-1} + (1-\beta_1)\frac{\partial E}{\partial w}$$
$$v_t = \beta_2 v_{t-1} + (1-\beta_2)(\frac{\partial E}{\partial w})^2$$
$$\hat{m}_t = \frac{m_t}{1-\beta_1^t}$$
$$\hat{v}_t = \frac{v_t}{1-\beta_2^t}$$
$$w \leftarrow w - \eta \frac{\hat{m}_t}{\sqrt{\hat{v}_t}+\epsilon}$$

定数には、β_1、β_2、η、ϵの4つがあります。tはパラメータの更新回数です。

おおまかにですが、MomentumとAdaGradを統合したようなアルゴリズムとなっています。定数の数が多いですが、元の論文には推奨パラメータが記載されています。

- **Adam：A Method for Stochastic Optimization**
  URL https://arxiv.org/abs/1412.6980

少々複雑な式ですが、PyTorchの`optim`モジュールを使えば以下のように簡単に実装することができます。

```
from torch import optim

optimizer = optim.Adam(...
```

PyTorchは他にも様々な最適化アルゴリズムを用意しています。興味のある方は、以下の公式ドキュメントを読んでみてください。

- **Algorithms**
  URL https://pytorch.org/docs/stable/optim.html#algorithms

3.6 シンプルな深層学習の実装

本チャプターのここまでの内容を踏まえて、PyTorchによる簡単な深層学習を実装しましょう。
今回は、深層学習により手書き文字の認識を行います。学習に時間がかからないように、小さいデータセットを使います。

3.6.1 手書き文字画像の確認

「scikit-learn」というライブラリから、手書き数字の画像データを読み込んで表示します（リスト3.24）。画像サイズは8×8ピクセルで、モノクロです。

リスト3.24 手書き文字画像の表示

In

```
import matplotlib.pyplot as plt
from sklearn import datasets

digits_data = datasets.load_digits()

n_img = 10  # 表示する画像の数
plt.figure(figsize=(10, 4))
for i in range(n_img):
    ax = plt.subplot(2, 5, i+1)
    ax.imshow(digits_data.data[i].reshape(8, 8), ➡
cmap="Greys_r")
    ax.get_xaxis().set_visible(False)  # 軸を非表示に
    ax.get_yaxis().set_visible(False)
plt.show()

print("データの形状:", digits_data.data.shape)
print("ラベル:", digits_data.target[:n_img])
```

Out

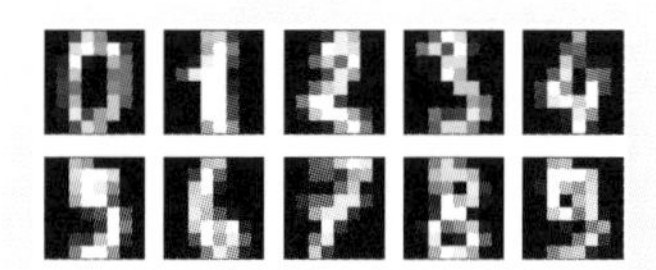

```
データの形状: (1797, 64)
ラベル: [0 1 2 3 4 5 6 7 8 9]
```

8×8ピクセルとサイズは小さいですが、0から9までの手書き数字の画像が表示されました。このような手書き数字の画像が、このデータセットには1797枚含まれています。

また、各画像は書かれた数字を表すラベルとペアになっています。今回は、このラベルを正解として使用します。

3.6.2 データを訓練用とテスト用に分割

scikit-learnのtrain_test_splitを使って、データを訓練用とテスト用に分割します。訓練データを使ってニューラルネットワークのモデルを訓練し、テストデータを使って訓練したモデルを検証します（リスト3.25）。

リスト3.25 データを訓練用とテスト用に分割する

In

```
import torch
from sklearn.model_selection import train_test_split

digit_images = digits_data.data
labels = digits_data.target
x_train, x_test, t_train, t_test = train_test_split➡
(digit_images, labels)  # 25%がテスト用

# Tensorに変換
x_train = torch.tensor(x_train, dtype=torch.float32) ➡
# 入力: 訓練用
t_train = torch.tensor(t_train, dtype=torch.int64) ➡
# 正解: 訓練用
```

```
x_test = torch.tensor(x_test, dtype=torch.float32)  ➡
# 入力: テスト用
t_test = torch.tensor(t_test, dtype=torch.int64)  ➡
# 正解: テスト用
```

なお、入力と正解は、**4.3節**「DataLoader」で解説するDataLoaderを使った方がより効率的に管理することができます。

3.6.3 モデルの構築

今回は、nnモジュールのSequential()クラスによりニューラルネットワークのモデルを構築します。初期値として、nnモジュールに定義されている層を入力に近い層から順番に並べます。

nn.Linear()関数はニューロンが隣接する層の全てのニューロンとつながる「全結合層」で、以下のように記述します。

```
nn.Linear(層への入力数, 層のニューロン数)
```

また、nnモジュールでは活性化関数を層のように扱うことができます。nn.ReLU()関数を配置することで、活性化関数ReLUによる処理が行われます。

リスト3.26は、nn.Sequential()クラスを使ってモデルを構築するコードです。構築したモデルの中身は、print()関数で確認することができます。

リスト3.26 モデルの構築

In

```
from torch import nn

net = nn.Sequential(
    nn.Linear(64, 32),  # 全結合層
    nn.ReLU(),          # ReLU
    nn.Linear(32, 16),
    nn.ReLU(),
    nn.Linear(16, 10)
)
print(net)
```

Out

```
Sequential(
  (0): Linear(in_features=64, out_features=32, bias=True)
  (1): ReLU()
  (2): Linear(in_features=32, out_features=16, bias=True)
  (3): ReLU()
  (4): Linear(in_features=16, out_features=10, bias=True)
)
```

3つの全結合層の間に、活性化関数ReLUが挟まれています。最後の出力層のニューロン数は10ですが、これは分類する数字が0~9なので10クラス分類になるためです。

3.6.4 学習

誤差を最小化するように、パラメータを何度も繰り返し調整します（リスト3.27）。今回は、損失関数にnn.CrossEntropyLoss()関数（ソフトマックス関数+交差エントロピー誤差）を、最適化アルゴリズムにSGDを設定します。

順伝播は訓練データ、テストデータ両者で行い誤差を計算します。逆伝播を行うのは、訓練データのみです。

リスト3.27 モデルの訓練

In

```
from torch import optim

# ソフトマックス関数 + 交差エントロピー誤差関数
loss_fnc = nn.CrossEntropyLoss()

# SGD モデルのパラメータを渡す
optimizer = optim.SGD(net.parameters(), lr=0.01) ➡
# 学習率は0.01

# 損失のログ
record_loss_train = []
record_loss_test = []

# 訓練データを1000回使う
for i in range(1000):
```

```
    # パラメータの勾配を0に
    optimizer.zero_grad()

    # 順伝播
    y_train = net(x_train)
    y_test = net(x_test)

    # 誤差を求めて記録する
    loss_train = loss_fnc(y_train, t_train)
    loss_test = loss_fnc(y_test, t_test)
    record_loss_train.append(loss_train.item())
    record_loss_test.append(loss_test.item())

    # 逆伝播（勾配を計算）
    loss_train.backward()

    # パラメータの更新
    optimizer.step()

    if i%100 == 0:  # 100回ごとに経過を表示
        print("Epoch:", i, "Loss_Train:", ➡
loss_train.item(), "Loss_Test:", loss_test.item())
```

Out

```
Epoch: 0 Loss_Train: 2.534149646759033 Loss_Test: ➡
2.556309223175049
Epoch: 100 Loss_Train: 1.1753290891647339 Loss_Test: ➡
1.2180031538009644
Epoch: 200 Loss_Train: 0.49746909737586975 Loss_Test: ➡
0.5735037326812744
Epoch: 300 Loss_Train: 0.298872709274292 Loss_Test: ➡
0.36660537123680115
Epoch: 400 Loss_Train: 0.21660597622394562 Loss_Test: ➡
0.27355384826660156
Epoch: 500 Loss_Train: 0.17001067101955414 Loss_Test: ➡
0.219261035323143
Epoch: 600 Loss_Train: 0.13987746834754944 Loss_Test: ➡
0.18468143045902252
Epoch: 700 Loss_Train: 0.11873806267976761 Loss_Test: ➡
0.16138221323490143
```

```
Epoch: 800 Loss_Train: 0.10301601886749268 Loss_Test: ➡
0.1444975733757019
Epoch: 900 Loss_Train: 0.09081365913152695 Loss_Test: ➡
0.13180334866046906
```

リスト3.27のコードの、以下の箇所では順伝播の処理が行われます。

```
y_train = net(x_train)
y_test = net(x_test)
```

このように、PyTorchではモデルの変数名（この例ではnet）の右側の括弧に入力を渡すことで、順伝播の計算を行うことができます。

以下の箇所では、逆伝播の処理が行われます。

```
loss_train.backward()
```

誤差（この例ではloss_train）のbackward()メソッドにより、バックプロパゲーションが行われて全てのパラメータの勾配が計算されます。

そして、以下の記述により、最適化アルゴリズムに基づいて全てのパラメータが更新されます。

```
optimizer.step()
```

順伝播、逆伝播、そしてパラメータの更新を繰り返すことで、モデルは次第に適切な出力を返すように訓練されていきます。

3.6.5 誤差の推移

誤差の推移を確認します。訓練データ、テストデータの記録を、matplotlibを使ってグラフ表示します（リスト3.28）。

リスト3.28 誤差の推移

In

```
plt.plot(range(len(record_loss_train)), ➡
record_loss_train, label="Train")
plt.plot(range(len(record_loss_test)), ➡
record_loss_test, label="Test")
```

```
plt.legend()

plt.xlabel("Epochs")
plt.ylabel("Error")
plt.show()
```

Out

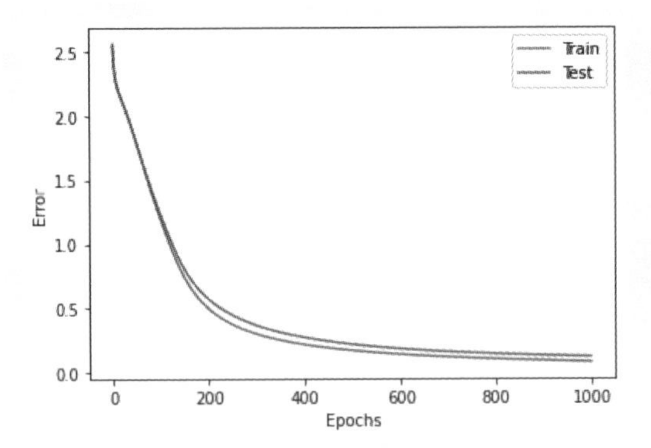

訓練データ、テストデータともに誤差がスムーズに減少した様子を確認できます。

3.6.6 正解率

モデルの性能を把握するため、テストデータ使い正解率を測定します（リスト3.29）。

リスト3.29 正解率の計算

In

```
y_test = net(x_test)
count = (y_test.argmax(1) == t_test).sum().item()
print("正解率:", str(count/len(y_test)*100) + "%")
```

Out

```
正解率: 96.88888888888889%
```

95%以上の高い正解率となりました。

3.6.7 訓練済みのモデルを使った予測

訓練済みのモデルを使ってみましょう。手書き文字画像を入力し、モデルが機能することを確かめます（リスト3.30）。

リスト3.30 訓練済みのモデルによる予測

In

```
# 入力画像
img_id = 0
x_pred = digit_images[img_id]
image = x_pred.reshape(8, 8)
plt.imshow(image, cmap="Greys_r")
plt.show()

x_pred = torch.tensor(x_pred, dtype=torch.float32)
y_pred = net(x_pred)
print("正解:", labels[img_id], "予測結果:", ➡
y_pred.argmax().item())
```

Out

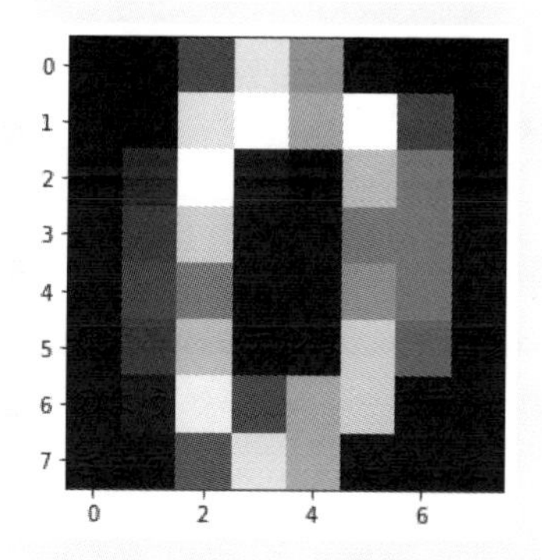

```
正解: 0 予測結果: 0
```

訓練済みのモデルは、入力画像を正しく分類できています。

このような訓練済みのモデルは、別途保存しWebアプリなどで活用することができます。モデルを搭載したWebアプリの作り方は、Chapter7で解説します。

3.7 演習

Chapter3の演習です。
PyTorchを使ってモデルを構築し、最適化アルゴリズムを設定しましょう。

3.7.1 データを訓練用とテスト用に分割

データを訓練用とテスト用に分割します（リスト3.31）。

リスト3.31 データを訓練用とテスト用に分割

```
import torch
from sklearn import datasets
from sklearn.model_selection import train_test_split

digits_data = datasets.load_digits()

digit_images = digits_data.data
labels = digits_data.target
x_train, x_test, t_train, t_test = train_test_split➡
(digit_images, labels)  # 25%がテスト用

# Tensorに変換
x_train = torch.tensor(x_train, dtype=torch.float32)
t_train = torch.tensor(t_train, dtype=torch.int64)
x_test = torch.tensor(x_test, dtype=torch.float32)
t_test = torch.tensor(t_test, dtype=torch.int64)
```

3.7.2 モデルの構築

nnモジュールのSequential()クラスを使い、print(net)で以下のように表示されるモデルを構築しましょう（リスト3.32）。

```
Sequential(
  (0): Linear(in_features=64, out_features=128, bias=True)
  (1): ReLU()
  (2): Linear(in_features=128, out_features=64, bias=True)
  (3): ReLU()
  (4): Linear(in_features=64, out_features=10, bias=True)
)
```

リスト3.32 モデルの構築

In

```
from torch import nn

net = nn.Sequential(
    # ------- ここからコードを記述 -------




    # ------- ここまで -------
)
print(net)
```

3.7.3 学習

モデルを訓練します（リスト3.33）。

最適化アルゴリズムの設定をしましょう。最適化アルゴリズムは、以下のページから好きなものを選択してください。

- **TORCH.OPTIM**
  URL https://pytorch.org/docs/stable/optim.html

リスト3.33 モデルの訓練

In

```
from torch import optim

# 交差エントロピー誤差関数
loss_fnc = nn.CrossEntropyLoss()

# 最適化アルゴリズム
optimizer =   # ←ここにコードを記述

# 損失のログ
record_loss_train = []
record_loss_test = []

# 1000エポック学習
for i in range(1000):

    # 勾配を0に
    optimizer.zero_grad()

    # 順伝播
    y_train = net(x_train)
    y_test = net(x_test)

    # 誤差を求める
    loss_train = loss_fnc(y_train, t_train)
    loss_test = loss_fnc(y_test, t_test)
    record_loss_train.append(loss_train.item())
    record_loss_test.append(loss_test.item())

    # 逆伝播（勾配を求める）
    loss_train.backward()

    # パラメータの更新
    optimizer.step()

    if i%100 == 0:
        print("Epoch:", i, "Loss_Train:", ➡
loss_train.item(), "Loss_Test:", loss_test.item())
```

3.7.4 誤差の推移

誤差の推移を確認します（リスト3.34）。

リスト3.34 誤差の推移

In

```
import matplotlib.pyplot as plt

plt.plot(range(len(record_loss_train)), ➡
record_loss_train, label="Train")
plt.plot(range(len(record_loss_test)), ➡
record_loss_test, label="Test")
plt.legend()

plt.xlabel("Epochs")
plt.ylabel("Error")
plt.show()
```

3.7.5 正解率（リスト3.35）

リスト3.35 正解率の計算

In

```
y_test = net(x_test)
count = (y_test.argmax(1) == t_test).sum().item()
print("正解率:", str(count/len(y_test)*100) + "%")
```

3.7.6 解答例

以下は解答例です。

● モデルの構築（リスト3.36）

リスト3.36 解答例：モデルの構築

In

```
from torch import nn

net = nn.Sequential(
    # ------- ここからコードを記述 -------
    nn.Linear(64, 128),
    nn.ReLU(),
    nn.Linear(128, 64),
    nn.ReLU(),
    nn.Linear(64, 10)
    # ------- ここまで -------
)
print(net)
```

● 学習（リスト3.37）

リスト3.37 解答例：モデルの訓練

In

```
from torch import optim

# 交差エントロピー誤差関数
loss_fnc = nn.CrossEntropyLoss()

# 最適化アルゴリズム
optimizer = optim.Adam(net.parameters())  # ここにコードを記述

# 損失のログ
record_loss_train = []
record_loss_test = []
```

```
# 1000エポック学習
for i in range(1000):

    # 勾配を0に
    optimizer.zero_grad()

    # 順伝播
    y_train = net(x_train)
    y_test = net(x_test)

    # 誤差を求める
    loss_train = loss_fnc(y_train, t_train)
    loss_test = loss_fnc(y_test, t_test)
    record_loss_train.append(loss_train.item())
    record_loss_test.append(loss_test.item())

    # 逆伝播（勾配を求める）
    loss_train.backward()

    # パラメータの更新
    optimizer.step()

    if i%100 == 0:
        print("Epoch:", i, "Loss_Train:", ➡
loss_train.item(), "Loss_Test:", loss_test.item())
```

3.8 まとめ

Chapter3で学んだことについてまとめます。

本チャプターでは、Tensor、活性化関数、損失関数、最適化アルゴリズムについて学んだ上で、実際にPyTorchを使ってシンプルな深層学習を実装しました。構築して訓練したニューラルネットワークのモデルが、機能することを確認できたかと思います。

以降のチャプターでは、ここまでの内容をベースにさらに発展的な内容を扱っていきます。深層学習の仕組みを理解してPyTorchで実装することに、これから少しずつ慣れていきましょう。

Chapter 4

自動微分とDataLoader

PyTorchが持つ重要な機能、自動微分とDataLoaderを解説します。
本チャプターには以下の内容が含まれます。

- 自動微分
- エポックとバッチ
- DataLoader
- 演習

最初に、勾配の計算を自動化できる「自動微分」を解説します。この自動微分により、各パラメータの勾配計算を短いコードで簡単に実装することができます。
次に、「DataLoader」を学ぶために必要な「エポック」と「バッチ」の概念を学びます。
その上で、DataLoaderの扱いを学び、これを使って「ミニバッチ学習」を実装します。
チャプターの内容は以上になりますが、本チャプターを通して学ぶことで内部の勾配計算に想像が及ぶようになり、そしてデータを効率的に扱えるようになります。
PyTorchが持つ簡潔かつ汎用性の高い機能について、少しずつ理解を進めていきましょう。

4.1 自動微分

Tensorは、「勾配」を自動で計算する「自動微分」(autograd)という機能を備えています。PyTorchでは、計算された勾配をもとに、Chapter3で解説した最適化アルゴリズムを使ってパラメータを更新します。
比較的シンプルな深層学習においては、必ずしも自動微分を意識する必要はありません。しかしながら、自動微分の仕組みを知っておくと複雑なモデルを柔軟に構築することが可能になります。

4.1.1 requires_grad属性

Tensorは、requires_grad属性をTrueに設定することで、その各要素が勾配の計算の対象となります(リスト4.1)。

リスト4.1 requires_grad属性

In

```
import torch

x = torch.ones(2, 3, requires_grad=True)
print(x)
```

Out

```
tensor([[1., 1., 1.],
        [1., 1., 1.]], requires_grad=True)
```

Tensorのrequires_grad属性が、Trueになっていることを確認できました。

4.1.2 Tensorの演算記録

requires_grad属性がTrueであれば、そのTensorの演算により生成されたTensorにはgrad_fnが記録されます。言わば、grad_fnは、このTensorを作った演算です。

リスト4.2のコードは、requires_grad属性がTrueであるxに足し算を行って得られたyのgrad_fnを表示します。

リスト4.2 grad_fnの表示

In

```
y = x + 2
print(y)
print(y.grad_fn)
```

Out

```
tensor([[3., 3., 3.],
        [3., 3., 3.]], grad_fn=<AddBackward0>)
<AddBackward0 object at 0x7f4096dee5d0>
```

grad_fnに<AddBackward0>と表示されました。これは、足し算が行われた記録です。

掛け算、mean()メソッドなどの演算も、grad_fnに記録されます（リスト4.3）。

リスト4.3 様々なgrad_fnの表示

In

```
z = y * 3
print(z)

out = z.mean()
print(out)
```

Out

```
tensor([[9., 9., 9.],
        [9., 9., 9.]], grad_fn=<MulBackward0>)
tensor(9., grad_fn=<MeanBackward0>)
```

<MulBackward0>は掛け算の記録で、<MeanBackward0>はmean()メソッドにより平均を計算した記録です。

4.1.3 勾配の計算

backward()メソッドは、逆伝播により勾配を計算します。計算過程を遡るようにして勾配が計算されるのですが、その際に記録されている演算と経路が使用されます。

リスト4.4 の例では、aに2をかけてbとしていて、backward()メソッドにより逆伝播を行っています。その結果、aの変化に対するbの変化の割合、すなわち勾配が計算されます。勾配の値は、gradに格納されます。

リスト4.4 逆伝播による勾配の計算

In

```
a = torch.tensor([1.0], requires_grad=True)
b = a * 2  # bの変化量はaの2倍
b.backward()  # 逆伝播
print(a.grad)  # aの勾配（aの変化に対するbの変化の割合）
```

Out

```
tensor([2.])
```

3.6節「シンプルな深層学習の実装」では、backward()メソッドにより勾配の計算を行いました。実は、そこではこのような自動微分が機能していました。

より複雑な経路を持つ演算でも、backward()メソッドにより勾配を計算することができます。リスト4.5 の例では、3つの要素を持つxから、1つの要素を持つyを複雑な経路で計算しています。そして、backward()メソッドにより逆伝播を行い、勾配を計算します。

リスト4.5 より複雑な経路の逆伝播

In

```
def calc(a):
    b = a*2 + 1
    c = b*b
    d = c/(c + 2)
    e = d.mean()
    return e

x = [1.0, 2.0, 3.0]
x = torch.tensor(x, requires_grad=True)
y = calc(x)
y.backward()
print(x.grad)  # xの勾配（xの各値の変化に対するyの変化の割合）
```

Out

```
tensor([0.0661, 0.0183, 0.0072])
```

xの各要素の勾配が計算できました。xの各要素の変化がどれだけyに変化を与えるのか、数値化することができました。

ここで、上記の勾配が正しく計算できていることを確認しましょう。xの各要素を微小変化させて、xの微小変化に対するyの微小変化の割合を求めます。xの勾配を近似的に計算していることになります。

なお、この場合backward()メソッドを使わないのでrequires_grad属性の記述は必要ありません（リスト4.6）。

リスト4.6 微小変化の割合を計算

In

```
delta = 0.001  #xの微小変化

x = [1.0, 2.0, 3.0]
x = torch.tensor(x)
y = calc(x)

x_1 = [1.0+delta, 2.0, 3.0]
x_1 = torch.tensor(x_1)
y_1 = calc(x_1)

x_2 = [1.0, 2.0+delta, 3.0]
x_2 = torch.tensor(x_2)
y_2 = calc(x_2)

x_3 = [1.0, 2.0, 3.0+delta]
x_3 = torch.tensor(x_3)
y_3 = calc(x_3)

# 勾配の計算 (yの微小変化)/(xの微小変化)
grad_1 = (y_1 - y) / delta
grad_2 = (y_2 - y) / delta
grad_3 = (y_3 - y) / delta

grads = torch.stack((grad_1, grad_2, grad_3)) ➡
# Tensorを結合
print(grads)
```

Out

```
tensor([0.0660, 0.0183, 0.0072])
```

xの微小変化を0.001という小さい値にしましたが、勾配の値はbackward()メソッドによる計算結果とほぼ同じになりました。backward()メソッドにより、正しく勾配が計算できていることが確認できます。

PyTorchではこのような自動微分が内部で実行されており、その具体的な過程を自分で確かめる必要はありません。しかしながら、どのタイミングで勾配が計算され、どのタイミングでパラメータが更新されるかは知っておく必要があります。

自動微分について、さらに詳しく知りたい方は公式ドキュメントを参考にしてください。

- **自動微分のチュートリアル**
  URL https://pytorch.org/tutorials/beginner/blitz/autograd_tutorial.html

4.2 エポックとバッチ

DataLoaderを解説する前に、訓練データを扱う際に重要なエポックとバッチの概念について解説します。

4.2.1 エポックとバッチ

訓練データを1回使い切って学習することを、1「エポック」(epoch) と数えます。1エポックで、訓練データを重複することなく全て一通り使うことになります。

訓練データのサンプル（入力と正解のペア）は複数をグループにまとめて一度の学習に使われます。このグループのことを「バッチ」(batch) といいます。一度の学習では順伝播、逆伝播、パラメータの更新が行われますが、これらはバッチごとに実行されます。訓練データは、1エポックごとにランダムに複数のバッチに分割されます。

訓練データとバッチの関係を、図4.1 に示します。

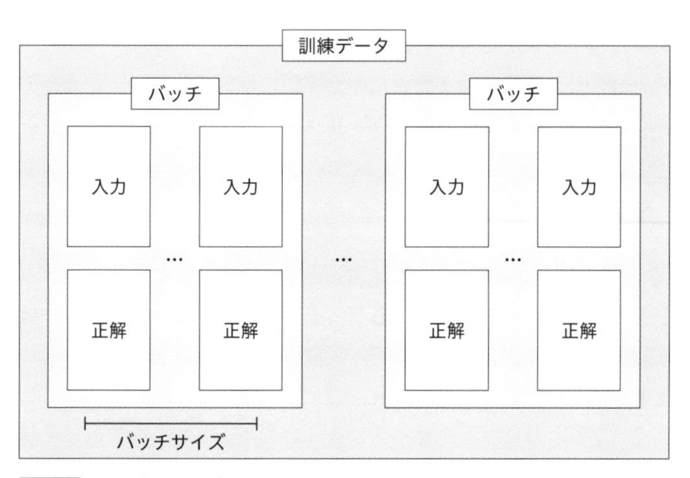

図4.1 訓練データとバッチ

バッチに含まれるサンプル数のことを、「バッチサイズ」といいます。学習時は、バッチ内の全てのサンプルを一度に使用して勾配を計算し、パラメータの更新が行われます。バッチサイズはハイパーパラメータの一種で、基本的に学習中ずっと一定です。

このバッチサイズにより、学習のタイプは以降に解説する3つに分けることができます。

4.2.2　バッチ学習

「バッチ学習」では、訓練データ全体が1つのバッチになります。すなわち、バッチサイズは全訓練データのサンプル数になります。1エポックごとに全訓練データを一度に使って順伝播、逆伝播、パラメータの更新を行い、学習が行われます。パラメータは、1エポックごとに更新されることになります。

ちなみに、**3.6節**「シンプルな深層学習の実装」で行われていたのは、このバッチ学習です。

一般的に、バッチ学習は安定しており、他の2つの学習タイプと比較して高速ですが、局所的な最適解にとらわれやすいという欠点があります。

4.2.3　オンライン学習

「オンライン学習」では、バッチサイズが1になります。すなわち、サンプルごとに順伝播、逆伝播、パラメータの更新を行い、学習が行われます。個々のサンプルごとに、重みとバイアスが更新されます。

個々のサンプルのデータに振り回されるため安定性には欠けますが、かえって局所的な最適解にとらわれにくくなるというメリットがあります。

4.2.4　ミニバッチ学習

「ミニバッチ学習」では、訓練データを小さなバッチに分割し、この小さなバッチごとに学習を行います。バッチ学習よりもバッチのサイズが小さく、バッチは通常ランダムに選択されるため、バッチ学習と比較して局所的な最適解にとらわれにくいというメリットがあります。

また、オンライン学習よりはバッチサイズが大きいので、おかしな方向に学習が進むリスクを低減できます。

深層学習において最も一般的に行われているのは、このミニバッチ学習です。

4.2.5 学習の例

訓練データのサンプル数が10000とします。このサンプルを全て使い切ると1エポックになります。

バッチ学習の場合、バッチサイズは10000で、1エポックあたり1回パラメータが更新されます。

オンライン学習の場合、バッチサイズは1で、1エポックあたり10000回パラメータの更新が行われます。

ミニバッチ学習の場合、バッチサイズを例えば50に設定すると、1エポックあたり200回パラメータ更新が行われます。

ミニバッチ学習において、バッチサイズが学習時間やパフォーマンスに少なくない影響を与えることは経験的に知られていますが、バッチサイズの最適化はなかなか難しい問題です。

4.3 DataLoader

DataLoaderを使うと、データの読み込み、前処理、ミニバッチ学習を簡単に実装することができます。
今回は、DataLoaderを使ってデータを扱い、手書き文字の認識を行います。
画像サイズが少しだけ大きくなるので、今回からはGPUを使います。メニューから「編集」→「ノートブックの設定」を選択して、「ハードウェアアクセラレータ」で「GPU」を選択しましょう。

4.3.1 データの読み込み

torchvision.datasetsを使って手書き数字のデータセット（MNIST）を取得します。データを画像で表すと 図4.2 のようになります。

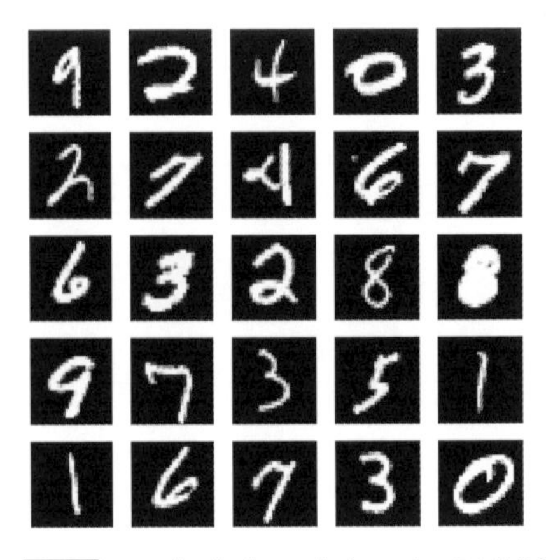

図4.2 torchvision.datasetsのMNIST

3.6節「シンプルな深層学習の実装」では8×8、モノクロの手書き数字画像を扱いましたが、今回扱うのはtorchvision.datasetsに含まれる28×28ピクセルのモノクロ画像です。DataLoaderが使えれば、torchvision.datasetsに用意された様々なデータセットを利用することができます。

- **Datasets**
  URL https://pytorch.org/vision/stable/datasets.html

リスト4.7 のコードは、訓練用のデータセットとテスト用のデータセットをそれぞれ取得します。

リスト4.7 MNISTデータセットの取得

In

```
from torchvision.datasets import MNIST
from torchvision import transforms

img_size = 28  # 画像の高さと幅

# 訓練データを取得
mnist_train = MNIST("./data",
                    train=True, download=True,
                    transform=transforms.ToTensor())  ➡
# Tensorに変換
# テストデータの取得
mnist_test = MNIST("./data",
                   train=False, download=True,
                   transform=transforms.ToTensor())  ➡
# Tensorに変換

print("訓練データの数:", len(mnist_train), ➡
"テストデータの数:", len(mnist_test))
```

Out

```
Downloading http://yann.lecun.com/exdb/mnist/➡
train-images-idx3-ubyte.gz
Downloading http://yann.lecun.com/exdb/mnist/➡
train-images-idx3-ubyte.gz to ./data/MNIST/raw/➡
train-images-idx3-ubyte.gz

Extracting ./data/MNIST/raw/train-images-idx3-ubyte.gz ➡
to ./data/MNIST/raw

Downloading http://yann.lecun.com/exdb/mnist/➡
train-labels-idx1-ubyte.gz
Downloading http://yann.lecun.com/exdb/mnist/➡
train-labels-idx1-ubyte.gz to ./data/MNIST/raw/➡
train-labels-idx1-ubyte.gz
```

```
Extracting ./data/MNIST/raw/train-labels-idx1-ubyte.gz ➡
to ./data/MNIST/raw

Downloading http://yann.lecun.com/exdb/mnist/➡
t10k-images-idx3-ubyte.gz
Downloading http://yann.lecun.com/exdb/mnist/➡
t10k-images-idx3-ubyte.gz to ./data/MNIST/raw/➡
t10k-images-idx3-ubyte.gz

Extracting ./data/MNIST/raw/t10k-images-idx3-ubyte.gz ➡
to ./data/MNIST/raw

Downloading http://yann.lecun.com/exdb/mnist/➡
t10k-labels-idx1-ubyte.gz
Downloading http://yann.lecun.com/exdb/mnist/➡
t10k-labels-idx1-ubyte.gz to ./data/MNIST/raw/➡
t10k-labels-idx1-ubyte.gz

Extracting ./data/MNIST/raw/t10k-labels-idx1-ubyte.gz ➡
to ./data/MNIST/raw

訓練データの数: 60000 テストデータの数: 10000
```

4.3.2 DataLoaderの設定

DataLoader()クラスを使い、DataLoaderを設定します（リスト4.8）。DataLoaderクラスの初期化時には、データ本体、バッチサイズを設定します。

また、shuffle=Trueのように記述してデータをシャッフルしてミニバッチを取り出すかどうか設定します。ここは、訓練データはTrueに、テストデータはFalseに設定します。

リスト4.8 DataLoaderの設定

In

```
from torch.utils.data import DataLoader

# DataLoaderの設定
batch_size = 256  # バッチサイズ
train_loader = DataLoader(mnist_train,
                          batch_size=batch_size,
                          shuffle=True)
test_loader = DataLoader(mnist_test,
                         batch_size=batch_size,
                         shuffle=False)
```

4.3.3 モデルの構築

3.6節「シンプルな深層学習の実装」ではnn.Sequential()クラスを使ってモデルを構築しましたが、今回はnn.Module()クラスを継承したクラスとして、モデルを構築します。こちらの方法の方が、より複雑なモデルに柔軟に対応できます。

このようなクラスでは、リスト4.9のコードのように__init__()メソッド内で各層の初期設定を行い、forward()メソッド内に順伝播の処理を記述します。

リスト4.9 モデルの構築

In

```
import torch.nn as nn

class Net(nn.Module):
    def __init__(self):
        super().__init__()
        self.fc1 = nn.Linear(img_size*img_size, 1024)  ➡
# 全結合層
        self.fc2 = nn.Linear(1024, 512)
        self.fc3 = nn.Linear(512, 10)
        self.relu = nn.ReLU()  ➡
# ReLU 学習するパラメータがないので使い回しできる
```

```
    def forward(self, x):
        x = x.view(-1, img_size*img_size)  ➡
# (バッチサイズ, 入力の数): 画像を1次元に変換
        x = self.relu(self.fc1(x))
        x = self.relu(self.fc2(x))
        x = self.fc3(x)
        return x

net = Net()
net.cuda()  # GPU対応
print(net)
```

Out

```
Net(
  (fc1): Linear(in_features=784, out_features=1024, ➡
bias=True)
  (fc2): Linear(in_features=1024, out_features=512, ➡
bias=True)
  (fc3): Linear(in_features=512, out_features=10, ➡
bias=True)
  (relu): ReLU()
)
```

リスト4.9のコードでは、net.cuda()メソッドによりGPU対応を行っています。これにより、モデルの計算はGPU上で行われることになります。

4.3.4 学習

モデルを訓練します。DataLoaderを使い、ミニバッチを取り出して訓練及び評価を行います。

以下のコードで、ミニバッチ学習は実装されています。

```
    for j, (x, t) in enumerate(train_loader):
```

このような記述により、訓練データからミニバッチ(x, t)がループごとに取り出されます。enumerateしているので、jには0を開始とするループの回数が入ります。1エポックの中で何度もミニバッチを使って学習が行われることになります。

xは入力でtは正解ですが、それぞれcuda()メソッドによりGPU対応にする必要があります（リスト4.10）。

リスト4.10 ミニバッチ学習によるモデルの訓練

In

```
from torch import optim

# 交差エントロピー誤差関数
loss_fnc = nn.CrossEntropyLoss()

# SGD
optimizer = optim.SGD(net.parameters(), lr=0.01)

# 損失のログ
record_loss_train = []
record_loss_test = []

# 学習
for i in range(10):  # 10エポック学習
    net.train()  # 訓練モード
    loss_train = 0
    for j, (x, t) in enumerate(train_loader):  ➡
# ミニバッチ（x, t）を取り出す
        x, t = x.cuda(), t.cuda()  # GPU対応
        y = net(x)
        loss = loss_fnc(y, t)
        loss_train += loss.item()
        optimizer.zero_grad()
        loss.backward()
        optimizer.step()
    loss_train /= j+1
    record_loss_train.append(loss_train)

    net.eval()  # 評価モード
    loss_test = 0
    for j, (x, t) in enumerate(test_loader):  ➡
# ミニバッチ（x, t）を取り出す
        x, t = x.cuda(), t.cuda()  # GPU対応
        y = net(x)
        loss = loss_fnc(y, t)
```

```
        loss_test += loss.item()
    loss_test /= j+1
    record_loss_test.append(loss_test)

    if i%1 == 0:
        print("Epoch:", i, "Loss_Train:", ➡
loss_train, "Loss_Test:", loss_test)
```

Out

```
Epoch: 0 Loss_Train: 2.2218600912297024 Loss_Test: ➡
2.102547162771225
Epoch: 1 Loss_Train: 1.8485282416039326 Loss_Test: ➡
1.4747836112976074
Epoch: 2 Loss_Train: 1.1447266205828242 Loss_Test: ➡
0.8503905653953552
Epoch: 3 Loss_Train: 0.7399172422733713 Loss_Test: ➡
0.6151952341198921
Epoch: 4 Loss_Train: 0.5770695049711998 Loss_Test: ➡
0.5055079162120819
Epoch: 5 Loss_Train: 0.4938213664166471 Loss_Test: ➡
0.44511019103229044
Epoch: 6 Loss_Train: 0.44361062595184814 Loss_Test: ➡
0.4050471443682909
Epoch: 7 Loss_Train: 0.4097181512954387 Loss_Test: ➡
0.3761601706966758
Epoch: 8 Loss_Train: 0.38576502533669166 Loss_Test: ➡
0.35716522987931965
Epoch: 9 Loss_Train: 0.3671190457141146 Loss_Test: ➡
0.34075509700924156
```

リスト4.10のコードでは、net.train()メソッドの記述により訓練モードに、net.eval()メソッドの記述により評価モードに切り替えています。今回のモデルで使用している層に影響はありませんが、Chapter5で扱うDropout層などのいくつかの種類の層は訓練モードと評価モードで異なる振る舞いをするので、このように記述しておいた方が無難です。

4.3.5 誤差の推移

訓練データとテストデータ、それぞれの誤差の推移をグラフで表示します（リスト4.11）。

リスト4.11 誤差の推移

In

```
import matplotlib.pyplot as plt

plt.plot(range(len(record_loss_train)), ➡
record_loss_train, label="Train")
plt.plot(range(len(record_loss_test)), ➡
record_loss_test, label="Test")
plt.legend()

plt.xlabel("Epochs")
plt.ylabel("Error")
plt.show()
```

Out

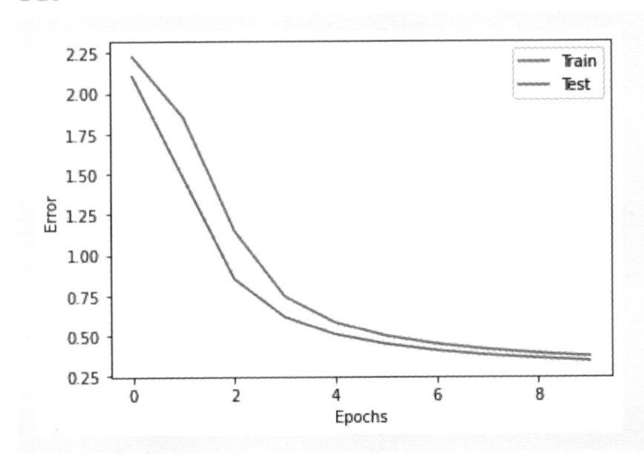

訓練データ、テストデータ、それぞれの誤差はともに滑らかに減少しています。テストデータの方が誤差がやや小さいですが、これはテストデータの誤差はエポックの終了後に測定しているのに対して、訓練データの誤差はエポックの途中で少しずつ学習を進めながら測定しているためです。

4.3.6 正解率

モデルの性能を把握するため、テストデータを使い正解率を測定します（リスト4.12）。

リスト4.12 正解率の計算

In

```
correct = 0
total = 0
net.eval()  # 評価モード
for i, (x, t) in enumerate(test_loader):
    x, t = x.cuda(), t.cuda()  # GPU対応
    y = net(x)
    correct += (y.argmax(1) == t).sum().item()
    total += len(x)
print("正解率:", str(correct/total*100) + "%")
```

Out

```
正解率: 90.23%
```

90%程度の、高い正解率となりました。

以上のようにして、DataLoaderを深層学習のコードに取り込むことができます。データを効率的に扱うことができる、とても便利な機能です。

4.4 演習

Chapter4の演習は、DataLoaderの練習です。「バッチ学習」と「オンライン学習」をDataLoaderを使って実装し、結果を比較してみましょう。コードセルの指定された箇所にコードの追記を行ってください。
バッチ学習とオンライン学習については、4.2節「エポックとバッチ」で解説しました。

4.4.1 データの読み込み

データを読み込みます（リスト4.13）。

リスト4.13 MNISTデータセットの取得

In

```
from torchvision.datasets import MNIST
from torchvision import transforms

img_size = 28  # 画像の高さと幅

# 訓練データを取得
mnist_train = MNIST("./data",
                    train=True, download=True,
                    transform=transforms.ToTensor())  ➡
# テンソルに変換
# テストデータの取得
mnist_test = MNIST("./data",
                   train=False, download=True,
                   transform=transforms.ToTensor())  ➡
# テンソルに変換

print("訓練データの数:", len(mnist_train), ➡
"テストデータの数:", len(mnist_test))
```

4.4.2　DataLoaderの設定

リスト4.14で指定された領域にコードを追記し、DataLoaderを使った「オンライン学習」を実装してください。オンライン学習は訓練データを使い切るのに時間がかかるので、後のセルでエポック数を5程度に設定しています。

DataLoaderは、`mnist_train`と`mnist_test`それぞれに対して設定してください。

オンライン学習が実行できたのであれば、次は「バッチ学習」の実装にトライしてみましょう。同じく5エポック程度学習します。

ミニバッチ学習、オンライン学習、バッチ学習を比較し、誤差の変化や学習時間にどのような違いがあるのか確かめてみましょう。

リスト4.14　DataLoaderの設定

In

```
from torch.utils.data import DataLoader

# DataLoaderの設定
# ------- 以下にコードを追記 -------



# ------- ここまで -------
```

4.4.3 モデルの構築

モデルを構築します（リスト4.15）。

リスト4.15 モデルの構築

In

```
import torch.nn as nn

class Net(nn.Module):
    def __init__(self):
        super().__init__()
        self.fc1 = nn.Linear(img_size*img_size, 1024)  ➡
# 全結合層
        self.fc2 = nn.Linear(1024, 512)
        self.fc3 = nn.Linear(512, 10)
        self.relu = nn.ReLU()  ➡
# ReLU 学習するパラメータがないので使い回しできる

    def forward(self, x):
        x = x.view(-1, img_size*img_size)  ➡
# (バッチサイズ, 入力の数): 画像を1次元に変換
        x = self.relu(self.fc1(x))
        x = self.relu(self.fc2(x))
        x = self.fc3(x)
        return x

net = Net()
net.cuda()  # GPU対応
print(net)
```

4.4.4 学習

学習させます（リスト4.16）。

リスト4.16 ミニバッチ学習によるモデルの訓練

In

```
from torch import optim

# 交差エントロピー誤差関数
loss_fnc = nn.CrossEntropyLoss()

# SGD
optimizer = optim.SGD(net.parameters(), lr=0.01)

# 損失のログ
record_loss_train = []
record_loss_test = []

# 学習
for i in range(5):  # 5エポック学習
    net.train()  # 訓練モード
    loss_train = 0
    for j, (x, t) in enumerate(train_loader):  ➡
# ミニバッチ（x, t）を取り出す
        x, t = x.cuda(), t.cuda()  # GPU対応
        y = net(x)
        loss = loss_fnc(y, t)
        loss_train += loss.item()
        optimizer.zero_grad()
        loss.backward()
        optimizer.step()
    loss_train /= j+1
    record_loss_train.append(loss_train)

    net.eval()  # 評価モード
    loss_test = 0
    for j, (x, t) in enumerate(test_loader):  ➡
# ミニバッチ（x, t）を取り出す
        x, t = x.cuda(), t.cuda()  # GPU対応
        y = net(x)
```

```
        loss = loss_fnc(y, t)
        loss_test += loss.item()
    loss_test /= j+1
    record_loss_test.append(loss_test)

    if i%1 == 0:
        print("Epoch:", i, "Loss_Train:", ➡
loss_train, "Loss_Test:", loss_test)
```

4.4.5 誤差の推移

誤差の推移を確認します（リスト4.17）。

リスト4.17 誤差の推移

In

```
import matplotlib.pyplot as plt

plt.plot(range(len(record_loss_train)), ➡
record_loss_train, label="Train")
plt.plot(range(len(record_loss_test)), ➡
record_loss_test, label="Test")
plt.legend()

plt.xlabel("Epochs")
plt.ylabel("Error")
plt.show()
```

4.4.6 正解率

正解率を求めます（リスト4.18）。

リスト4.18 正解率

In

```
correct = 0
total = 0
net.eval()  # 評価モード
for i, (x, t) in enumerate(test_loader):
    x, t = x.cuda(), t.cuda()  # GPU対応
    y = net(x)
    correct += (y.argmax(1) == t).sum().item()
    total += len(x)
print("正解率:", str(correct/total*100) + "%")
```

4.4.7 解答例

以下は解答例です。

オンライン学習

オンライン学習の解答例です（リスト4.19）。

リスト4.19 解答例：オンライン学習

In

```
from torch.utils.data import DataLoader

# DataLoaderの設定
# -------- 以下にコードを追記 --------
batch_size = 1  # バッチサイズ
train_loader = DataLoader(mnist_train,
                          batch_size=batch_size,
                          shuffle=True)
test_loader = DataLoader(mnist_test,
                         batch_size=batch_size,
                         shuffle=False)
# -------- ここまで --------
```

バッチ学習

バッチ学習の解答例です（リスト4.20）。

リスト4.20 解答例：バッチ学習

In

```
from torch.utils.data import DataLoader

# DataLoaderの設定
# ------- 以下にコードを追記 -------
train_loader = DataLoader(mnist_train,
                          batch_size=len(mnist_train),
                          shuffle=True)
test_loader = DataLoader(mnist_test,
                         batch_size=len(mnist_test),
                         shuffle=False)
# ------- ここまで -------
```

4.5 まとめ

Chapter4で学んだことについてまとめます。

本チャプターでは、自動微分とDataLoaderについて学びました。

自動微分を学ぶことで、PyTorch内部の勾配を計算する仕組みに想像が及ぶようになりました。そして、DataLoaderを学ぶことで、データを効率的に扱えるようになり、ミニバッチ学習などを実装できるようになりました。

次のチャプター以降の深層学習のコードでは、これらの機能を意識し、活用していきます。

Chapter 5

CNN（畳み込みニューラルネットワーク）

本チャプターでは、CNN（畳み込みニューラルネットワーク）の仕組みと実装を解説します。
以下の内容が含まれます。

- CNNの概要
- 畳み込みとプーリング
- データ拡張
- ドロップアウト
- CNNの実装
- 演習

最初に、CNNの概要を解説します。その上で、CNNを特徴付ける層である「畳み込み層」と「プーリング層」について解説します。これらの層を使うことにより、画像から効率的に特徴を抽出することができます。
さらに、データを水増しする「データ拡張」や、ランダムにニューロンを消去する「ドロップアウト」について学びます。
そして、以上を踏まえた上でCNNをPyTorchを使って実装します。データ拡張とドロップアウトを導入して、汎化性能が高くなるようにモデルを訓練します。
最後に、このチャプターの演習を行います。
CNNは、範囲を絞ればヒトの視覚と同等、あるいはそれ以上の能力を発揮することさえあります。仕組みを学んでPyTorchで実装することにより、その可能性を感じていただければと思います。

5.1 CNNの概要

CNN、すなわち畳み込みニューラルネットワークについて、概要を解説します。
CNNは特に画像認識が得意で、広く使われている深層学習技術です。

5.1.1 CNNとは

CNN（Convolutional Neural Network、畳み込みニューラルネットワーク）は、図5.1のような画像を入力とした分類問題によく使われます。

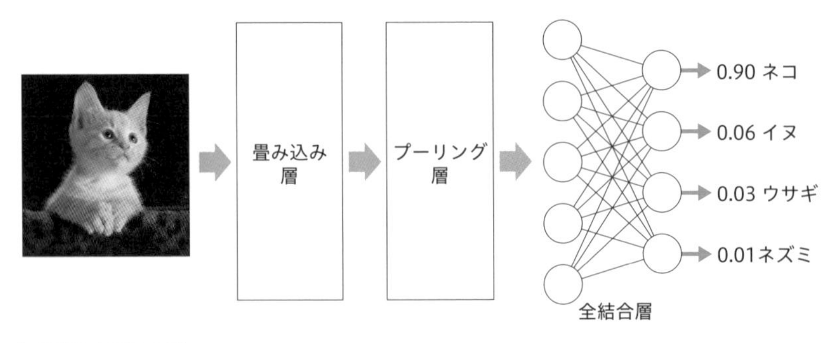

図5.1 CNNの例

図5.1の例では、出力層の各ニューロンが各動物に対応し、出力の値がその動物である確率を表します。例えば、ネコの写真を学習済みのCNNに入力すると、90%でネコ、6%でイヌ、3%でウサギ、1%でネズミのようにその物体が何である確率が最も高いかを教えてくれます。

CNNには、畳み込み層、プーリング層という層が登場します。畳み込み層ではフィルタにより画像の特徴が抽出され、プーリング層では画像の特徴を損なわないようにサイズの縮小が行われます。

このように、CNNには、画像を柔軟に精度よく認識するために、通常のニューラルネットワークとは異なる仕組みが備わります。CNNは汎用性の高い技術で、GAN（敵対的生成ネットワーク）による画像生成や、自然言語処理でも使われています。

5.1.2 CNNの各層

CNNは、複数の層で構成されている点に関しては、これまでに扱ってきた全結合層のみのニューラルネットワークと同じです。ただ、CNNの場合、層の種類が畳み込み層、プーリング層、全結合層の3種類に増えます。

図5.2 は典型的なCNNの構造です。

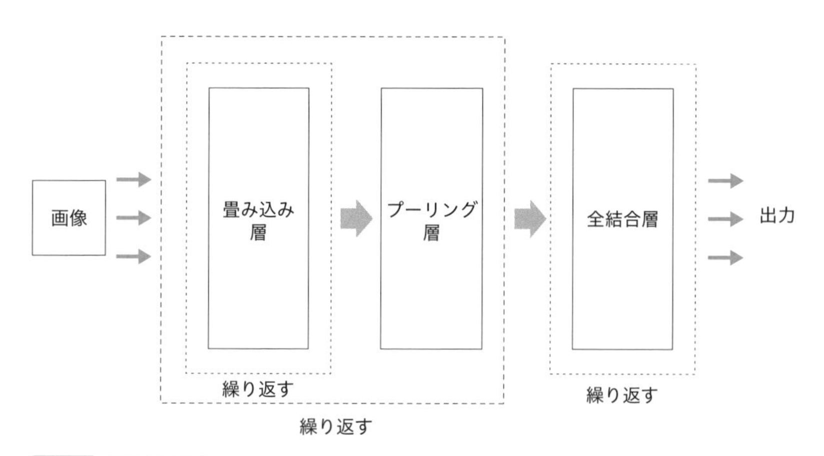

図5.2 CNNの構造

画像は畳み込み層に入力されますが、畳み込み層とプーリング層は何度か繰り返されて、全結合層につながります。全結合層も何度か繰り返されて、最後の全結合層が出力層になります。

畳み込み層では、入力された画像に複数のフィルタで処理を行います。フィルタ処理の結果、入力画像は画像の特徴を表す複数の画像に変換されます。そして、プーリング層では画像の特徴を損なわないように画像のサイズが縮小されます。これらの処理を繰り返すことで、次第に画像の本質的な特徴が抽出されていきます。

全結合層は通常のニューラルネットワークで使われる層と同じもので、層間の全てのニューロンが接続されます。

次節では、このような層で行われる畳み込みとプーリングの具体的な処理について解説します。

5.2 畳み込みとプーリング

「畳み込み層」及び「プーリング層」における、具体的な処理について解説します。各層の働きについて、把握していきましょう。
また、CNNにおいて重要な、「パディング」と「ストライド」というテクニックについても解説します。
これらについて把握した上で、チャンネル数の設定や出力サイズの計算ができるようになりましょう。

5.2.1 畳み込み層

まずは、「畳み込み層」について解説します。畳み込み層では、画像に対して「畳み込み」（convolution）という処理を行い、画像の特徴を抽出します。畳み込み処理により、入力画像をより特徴が強調された画像に変換することになります。

畳み込み層では、「フィルタ」を用いて特徴の検出が行われます。フィルタはカーネルと呼ばれることもあります。

図5.3 に畳み込み層における畳み込み処理の例を示します。

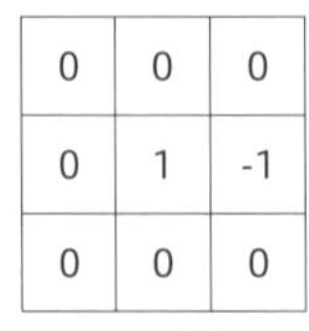

0	0	0
0	1	-1
0	0	0

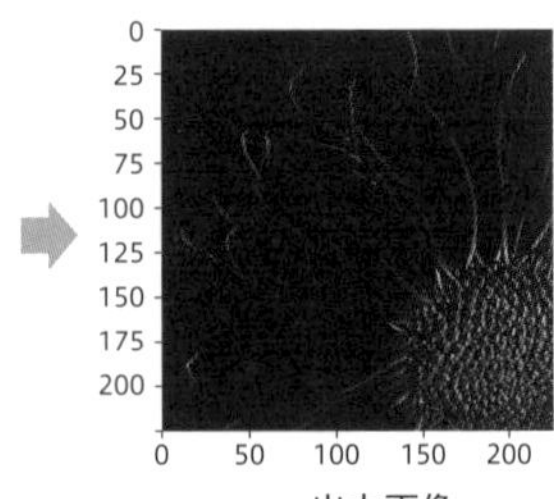

図5.3 畳み込み処理の例

入力画像に対して、格子状に数値が並んだフィルタを使って畳み込みを行い、特徴が抽出された画像を得ることができます。図5.3 の例では、フィルタの特性により垂直方向の輪郭が抽出されています。

畳み込みでは、画像の持つ「局所性」という性質を用いて特徴を抽出します。画像における局所性とは、各ピクセルが近くのピクセルと強い関連性を持っている性質のことです。隣り合ったピクセル同士は似たような色になる可能性が高くなり、輪郭は近隣の複数のピクセルのグループで構成されます。

畳み込みでは、このような画像の局所性を利用して画像の特徴を検出します。図5.4にフィルタを用いた畳み込みの例を示します。

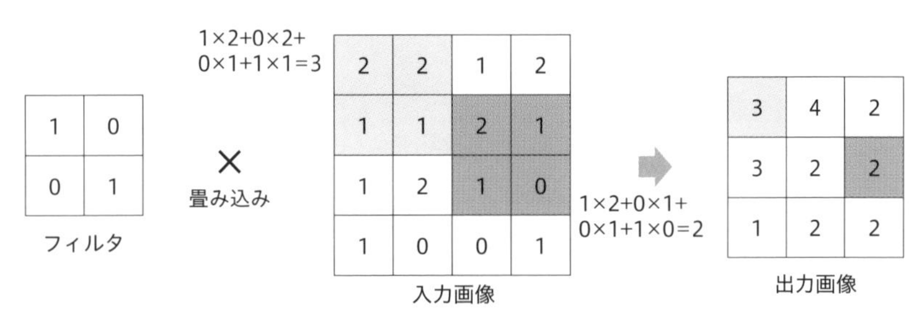

図5.4 畳み込みの例

図5.4では、各ピクセルの値を数値で表しています。この値がピクセルの色の強さを表します。この図では、わかりやすくするために入力を4×4ピクセルの画像とし、フィルタの数は1つでサイズを2×2としています。

畳み込みでは、フィルタを入力画像の上に配置し、重なったピクセルの値をかけ合わせます。そして、かけ合わせた値を足し合わせて、新たなピクセルとします。フィルタを配置可能な全ての位置でこれを行うことにより、畳み込みにより、特徴が抽出された新たな画像が生成されます。上記の例では、3×3の新たな画像が生成されることになります。

基本的に、畳み込みを行うことで画像のサイズは元の画像よりも小さくなります。

5.2.2 複数チャンネル、複数フィルタの畳み込み

カラー画像のデータは、各ピクセルがRGBの3色を持っています。これは、1つの画像がR、G、Bの3枚の画像で構成されている、と解釈することもできます。

この枚数のことを、「チャンネル数」と呼びます。RGBの3色カラーの場合はチャンネル数は3、モノクロ画像の場合はチャンネル数は1になります。

CNNでは、通常複数のフィルタを用いた畳み込みを行います。図5.5に、RGB画像に対する畳み込みの例を示します。

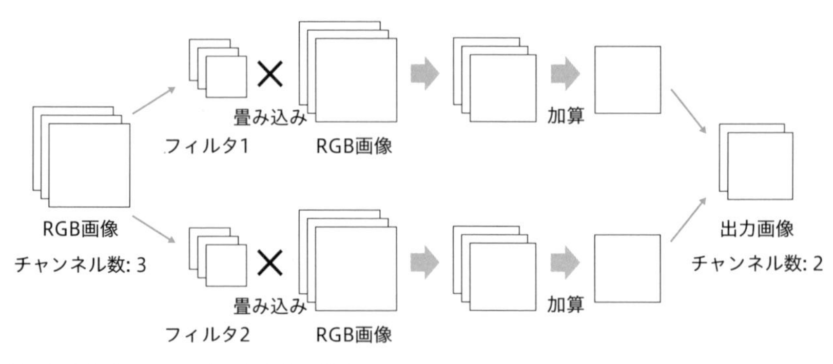

図5.5 複数のフィルタによる畳み込み

図5.5において、元の画像のチャンネル数は3でフィルタの数は2です。各フィルタは、入力画像と同じだけのチャンネル数を持ちます。例えば入力の画像がRGBであれば、各フィルタにはそれぞれ3つのチャンネルを持つことになります。

各フィルタにおいてチャンネルごとに畳み込みを行い、結果として各フィルタは3つの画像を得ることになります。そして、これらの画像の各ピクセルを足し合わせて1つの画像とします。

フィルタごとにこのような処理を行うことで、結果として生成される画像の枚数は、フィルタの数と同じになります。この生成される画像の枚数が、出力画像のチャンネル数です。

この例では、チャンネル数が3の画像を畳み込み層に入力して、チャンネル数が2の画像を出力として得ています。このような出力は、プーリング層や全結合層、あるいは他の畳み込み層などに入力することになります。

なお、我々が普段扱う画像はRGBの3チャンネル、もしくはRGBAの4チャンネルですが、畳み込み層の出力は大抵4チャンネルより多くなります。この場合の画像は、概念上の「画像」になります。

畳み込み層は通常、学習するパラメータとして、フィルタの各値と、出力値を調整する「バイアス」を持ちます。

5.2.3 畳み込み層の実装

以下は、PyTorchにおける畳み込み層の実装の例です。

```
import torch.nn as nn

class Net(nn.Module):
    def __init__(self):
        super().__init__()
        ...
        self.conv1 = nn.Conv2d(3, 6, 5)  ➡
# 畳み込み層:(入力チャンネル数, フィルタ数、フィルタサイズ)
        ...

    def forward(self, x):
        ...
        x = self.conv1(x)
        ...
        return x
```

畳み込み層nn.Conv2d()クラスには、入力画像のチャンネル数、フィルタの数、フィルタのサイズなどを渡します。

5.2.4　プーリング層

プーリング層は通常、畳み込み層の後に配置されます。プーリング層では、図5.6に示すように画像を各領域に区切り、各領域を代表する値を取り出して並べることで、新たな画像を生成します。このような処理が、「プーリング」(Pooling) と呼ばれます。

2	0	1	2	3	2
1	1	0	1	0	1
1	2	1	0	2	0
1	0	0	1	0	1
0	1	0	0	1	0
1	3	2	1	0	0

入力画像

2	2	3
2	1	2
3	2	1

出力画像

図5.6 プーリング層の例

図5.6 の例では、各領域の最大値を、各領域を代表する値としています。このようなプーリングの方法は、「MAXプーリング」と呼ばれます。他にも領域の平均値をとる平均プーリングなどの方法もありますが、本書では以降プーリングという言葉はMAXプーリングのことを指すことにします。

図5.6 で示されているように、プーリングにより画像が縮小されます。例えば、6×6の画像に対して2×2の領域でプーリングすると、画像のサイズは3×3になります。

プーリングは、言わば画像をぼかす処理です。プーリングを行うことで対象の位置の感度が低下し、位置の変化に対する頑強性を得ることになります。また、プーリングにより画像サイズが小さくなるので、計算量が削減されるというメリットもあります。

プーリング層で区切る領域は通常固定されており、学習するパラメータがないので学習は行われません。また、プーリング層を経てもチャンネル数は変化しません。

5.2.5 プーリング層の実装

以下は、PyTorchにおけるプーリング層の実装の例です。

```
import torch.nn as nn

class Net(nn.Module):
    def __init__(self):
        super().__init__()
        ...
        self.pool = nn.MaxPool2d(2, 2)  ➡
# プーリング層:（領域のサイズ, 領域の間隔）
        ...

    def forward(self, x):
        ...
        x = self.pool(x)
        ...
        return x
```

プーリング層nn.MaxPool2d()クラスには、領域のサイズ、領域の間隔（ストライド）などを渡します。

5.2.6　パディング

入力画像を取り囲むようにピクセルを配置するテクニックを、「パディング」といいます。パディングは、畳み込み層やプーリング層においてしばしば行われます。

図5.7 にパディングの例を示します。

2	2	1	2
1	1	2	1
1	2	1	0
1	0	0	1

0	0	0	0	0	0
0	2	2	1	2	0
0	1	1	2	1	0
0	1	2	1	0	0
0	1	0	0	1	0
0	0	0	0	0	0

図5.7 パディングの例

図5.7 の例では、画像の周囲に値が0のピクセルを配置しています。このようなパディングの仕方を、「ゼロパディング」といいます。他にも様々なパディングの方法がありますが、CNNではこのゼロパディングが広く使われます。

このようなパディングにより、画像のサイズは大きくなります。例えば、4×4の画像に対して幅が1のゼロパディングを行うと画像は1重の0ピクセルに囲まれることになり、画像サイズは6×6になります。また、6×6の画像に対して幅が2のパディングを行うと、画像サイズは10×10になります。

畳み込みやプーリングにより画像サイズは小さくなるので、これらの層を何度も重ねると最後には画像サイズが1×1になってしまいます。パディングにより、この問題に対処することができます。パディングを行うことで、画像サイスが小さくなりすぎることを防ぐことができます。

また、画像の端は畳み込みの回数が少なくなるのですが、パディングにより画像の端における畳み込み回数が増えるので、端の特徴もうまく捉えることができるようになります。

5.2.7　ストライド

畳み込みにおいて、フィルタが移動する間隔のことを「ストライド」といいます。畳み込み層において多くの場合ストライドは1なのですが、ストライドが2以上になる場合もあります。

図5.8 にストライドが1の例と2の例を示します。

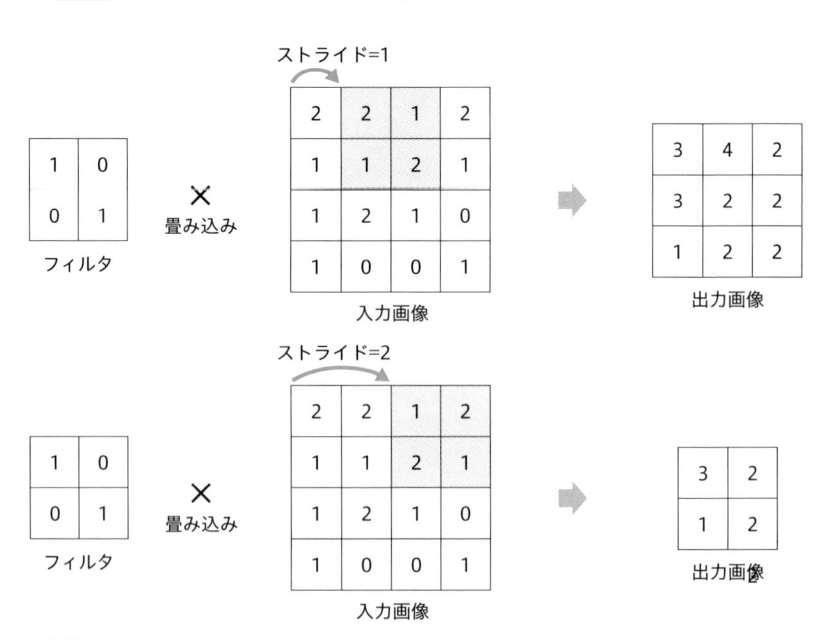

図5.8 ストライドの例

ストライドが大きい場合、フィルタの移動距離が大きいため出力画像のサイズは小さくなります。ストライドが大きすぎると大事な特徴を見逃す心配があるので、ストライドは1に設定されることが多いです。

また、プーリング層でも、代表値を抽出する領域の間隔を指定するのにストライドが使われます。

5.2.8 畳み込みによる画像サイズの変化

畳み込みによる、画像サイズの変化を数式で表します。

入力画像のサイズを$I_h \times I_w$、フィルタのサイズを$F_h \times F_w$、パディングの幅をD、ストライドの値をSとすると、出力画像の高さO_hと幅O_wは以下の式で表されます。

$$O_h = \frac{I_h - F_h + 2D}{S} + 1$$

$$O_w = \frac{I_w - F_w + 2D}{S} + 1$$

このように、畳み込み層における出力画像のサイズは簡単な計算で求めることが可能です。この式は、後ほどCNNモデルの構築時に使用します。

5.3 データ拡張

訓練データが少ないと、「汎化性能」が低下してしまいます。汎化性能とは未知のデータへの対応力のことで、これが低いと実用的なモデルとはなりません。しかしながら、画像などの学習データを多数集めるためには、かなりの手間がかかってしまいます。
このような問題への対策の1つが、「データ拡張」です。データ拡張では、画像に以下のような変換を加え、画像を「水増し」します。

- 回転
- 拡大/縮小
- 上下左右にシフト
- 上下左右に反転
- 一部を消去
- etc...

これにより、学習データ不足の問題がある程度解消され、汎化性能の向上につながります。
今回は、torchvision.transformsモジュールを使い、このデータ拡張のデモを行います。

5.3.1 CIFAR-10

今回のデータ拡張のデモには、CIFAR-10というデータセットを使います。

CIFARは、約6万枚の画像にラベルを付けたデータセットです。RGBのカラー画像と対応するラベルのペアで構成されています。airplaneやautomobileなどの乗り物と、birdやcatなどの動物を含む10クラスのラベルがあります。画像サイズが32×32ピクセルと小さくて扱いが楽なので、広く機械学習の分野で利用されています。

CIFAR-10は、torchvision.datasetsモジュールから読み込むことができます。

リスト5.1 のコードは、CIFAR-10を読み込み、その中のランダムな25枚の画像を表示します。

リスト5.1 CIFAR-10の画像を表示

In

```
from torchvision.datasets import CIFAR10
import torchvision.transforms as transforms
from torch.utils.data import DataLoader
import matplotlib.pyplot as plt

cifar10_data = CIFAR10(root="./data",
                       train=False,download=True,
                       transform=transforms.ToTensor())
cifar10_classes = ["airplane", "automobile", "bird", ➡
"cat", "deer",
                   "dog", "frog", "horse", "ship", ➡
"truck"]
print("データの数:", len(cifar10_data))

n_image = 25  # 表示する画像の数
cifar10_loader = DataLoader(cifar10_data, ➡
batch_size=n_image, shuffle=True)
dataiter = iter(cifar10_loader)  ➡
# イテレータ: 要素を順番に取り出せるようにする
images, labels = dataiter.next()  # 最初のバッチを取り出す

plt.figure(figsize=(10,10))  # 画像の表示サイズ
for i in range(n_image):
    ax = plt.subplot(5,5,i+1)
    ax.imshow(images[i].permute(1, 2, 0))  ➡
# チャンネルを一番後の次元に
    label = cifar10_classes[labels[i]]
    ax.set_title(label)
    ax.get_xaxis().set_visible(False)  # 軸を非表示に
    ax.get_yaxis().set_visible(False)

plt.show()
```

Out

```
Downloading https://www.cs.toronto.edu/~kriz/➡
cifar-10-python.tar.gz to ./data/cifar-10-python.tar.gz

Extracting ./data/cifar-10-python.tar.gz to ./data
データの数: 10000
```

5.3.2 データ拡張：回転とリサイズ

torchvision.transformsモジュールを使ってデータ拡張を実装します。

まずは、回転とリサイズを行います。transforms.RandomAffine()クラスを使って、CIFAR-10の画像に-45〜45°の回転及び0.5〜1.5倍のリサイズをランダムに加えます（リスト5.2）。

これらの処理は、バッチを取り出す際に元の画像に対して加えられます。

リスト5.2 データ拡張：回転とリサイズ

In

```
transform = transforms.Compose([transforms.RandomAffine➡
((-45, 45), scale=(0.5, 1.5)),  # 回転とリサイズ
                                transforms.ToTensor()])
cifar10_data = CIFAR10(root="./data",
                       train=False,download=True,
                       transform=transform)

cifar10_loader = DataLoader(cifar10_data, ➡
batch_size=n_image, shuffle=True)
dataiter = iter(cifar10_loader)
images, labels = dataiter.next()

plt.figure(figsize=(10,10))  # 画像の表示サイズ
for i in range(n_image):
    ax = plt.subplot(5,5,i+1)
    ax.imshow(images[i].permute(1, 2, 0))
    label = cifar10_classes[labels[i]]
    ax.set_title(label)
    ax.get_xaxis().set_visible(False)
    ax.get_yaxis().set_visible(False)

plt.show()
```

Out

```
Files already downloaded and verified
```

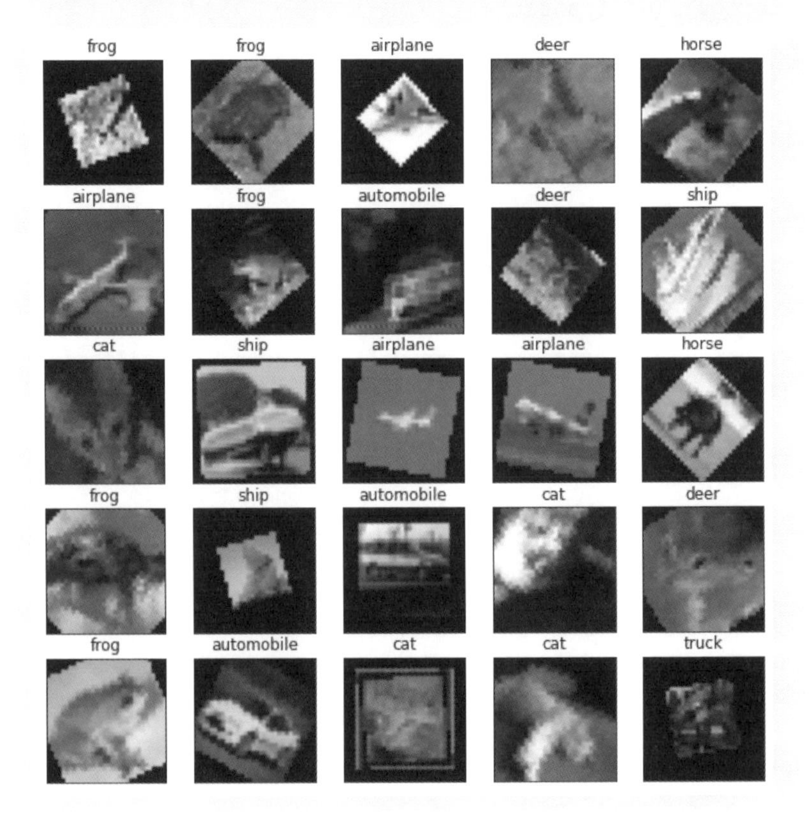

指定された範囲で、画像がランダムに回転、リサイズされた様子を確認できます。

5.3.3 データ拡張：シフト

データ拡張として、画像の上下左右へのシフトを行います。transforms.RandomAffine()クラスを使って、CIFAR-10の画像に、水平方向、垂直方向それぞれ画像サイズの0.5倍以内の範囲でのシフトをランダムに加えます。回転の範囲を指定する必要があるのですが、これは0とします（リスト5.3）。

リスト5.3 データ拡張：シフト

In

```
transform = transforms.Compose([transforms.RandomAffine➡
((0, 0), translate=(0.5, 0.5)),  # 上下左右へのシフト
                                transforms.ToTensor()])
cifar10_data = CIFAR10(root="./data",
                       train=False,download=True,
                       transform=transform)

cifar10_loader = DataLoader(cifar10_data, ➡
batch_size=n_image, shuffle=True)
dataiter = iter(cifar10_loader)
images, labels = dataiter.next()

plt.figure(figsize=(10,10))  # 画像の表示サイズ
for i in range(n_image):
    ax = plt.subplot(5,5,i+1)
    ax.imshow(images[i].permute(1, 2, 0))
    label = cifar10_classes[labels[i]]
    ax.set_title(label)
    ax.get_xaxis().set_visible(False)
    ax.get_yaxis().set_visible(False)

plt.show()
```

Out

```
Files already downloaded and verified
```

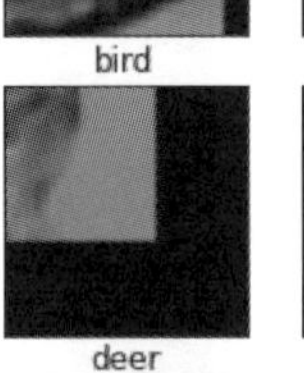
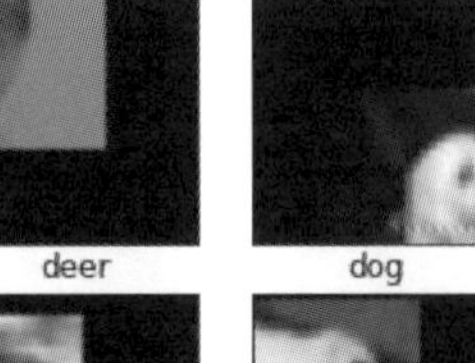
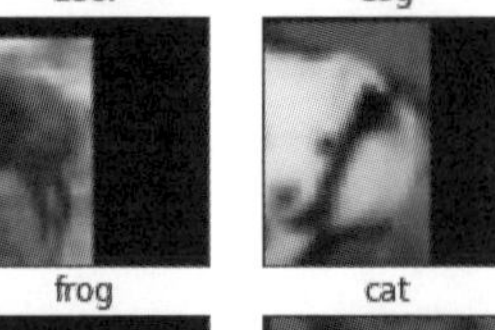

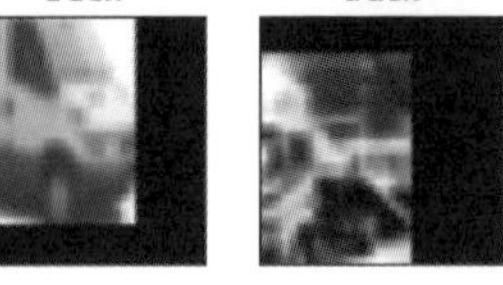
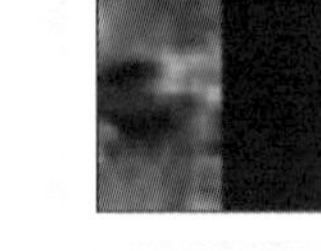
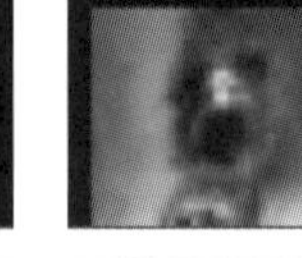

指定された範囲で、画像がランダムに上下左右にシフトされた様子を確認できます。

5.3.4 データ拡張：反転

データ拡張として、画像を水平、垂直方向に反転します。transforms.RandomHorizontalFlip()クラスとtransforms.RandomVerticalFlip()クラスを使います。CIFAR-10の画像に、水平方向、垂直方向それぞれ0.5の確率（p=0.5）で反転をランダムに加えます（リスト5.4）。

リスト5.4 データ拡張：反転

In

```
transform = transforms.Compose➡
([transforms.RandomHorizontalFlip(p=0.5),  # 左右反転
                                transforms.Random➡
VerticalFlip(p=0.5),  # 上下反転
                                transforms.ToTensor()])
cifar10_data = CIFAR10(root="./data",
                       train=False,download=True,
                       transform=transform)

cifar10_loader = DataLoader(cifar10_data, ➡
batch_size=n_image, shuffle=True)
dataiter = iter(cifar10_loader)
images, labels = dataiter.next()

plt.figure(figsize=(10,10))  # 画像の表示サイズ
for i in range(n_image):
    ax = plt.subplot(5,5,i+1)
    ax.imshow(images[i].permute(1, 2, 0))
    label = cifar10_classes[labels[i]]
    ax.set_title(label)
    ax.get_xaxis().set_visible(False)
    ax.get_yaxis().set_visible(False)

plt.show()
```

Out

```
Files already downloaded and verified
```

画像が、ランダムに上下左右に反転された様子を確認できます。

5.3.5 データ拡張：一部を消去

データ拡張として、画像の一部を消去します。transforms.RandomErasing()クラスを使います。CIFAR-10の画像の一部を、0.5の確率（p=0.5）でランダムに消去します（リスト5.5）。

transforms.RandomErasing()クラスはTensorにしか適用できないので、transforms.ToTensor()クラスの後に記述します。

リスト5.5 データ拡張：一部を消去

In

```
transform = transforms.Compose([transforms.ToTensor(),
                                transforms.Random➡
Erasing(p=0.5)])  # 一部を消去
cifar10_data = CIFAR10(root="./data",
                       train=False,download=True,
                       transform=transform)

cifar10_loader = DataLoader(cifar10_data, ➡
batch_size=n_image, shuffle=True)
dataiter = iter(cifar10_loader)
images, labels = dataiter.next()

plt.figure(figsize=(10,10))  # 画像の表示サイズ
for i in range(n_image):
    ax = plt.subplot(5,5,i+1)
    ax.imshow(images[i].permute(1, 2, 0))
    label = cifar10_classes[labels[i]]
    ax.set_title(label)
    ax.get_xaxis().set_visible(False)
    ax.get_yaxis().set_visible(False)

plt.show()
```

Out

```
Files already downloaded and verified
```

画像の一部が、ランダムに消去された様子を確認できます。

他にも、torchvisionは様々なデータ拡張のための変形を用意しています。興味のある方は、公式ドキュメントを読んでみてください。

- **Transforming and augmenting images**
  URL https://pytorch.org/vision/stable/transforms.html

5.4 ドロップアウト

ドロップアウト（Dropout）は、出力層以外のニューロンを一定の確率でランダムに消去するテクニックです。手軽に導入できるにもかかわらず、モデルの汎化性能の向上に大きな効果があります。

5.4.1 ドロップアウトの実装

図5.9 はドロップアウトのイメージです。ニューラルネットワークのニューロンが、バッチごとにランダムに消去されます。

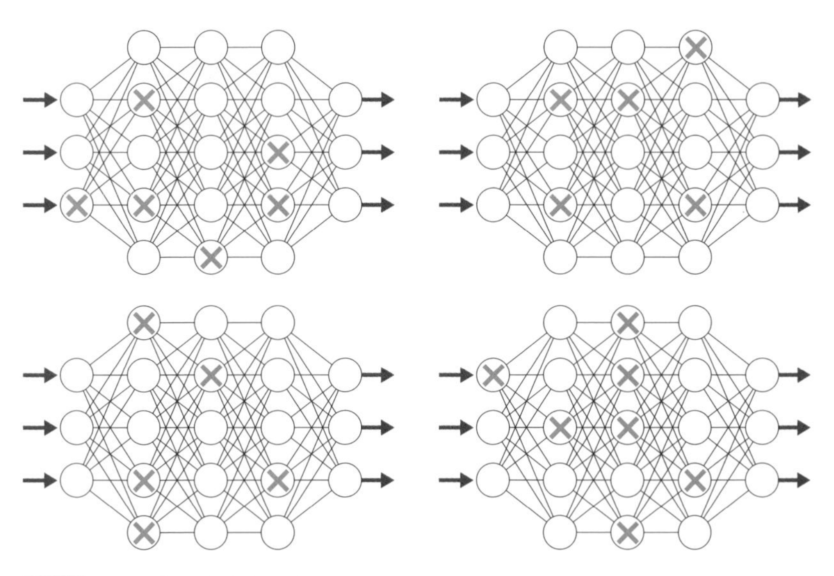

図5.9 ドロップアウトのイメージ

実質的に、バッチごとに異なるニューラルネットワークが使用されていることになります。

ドロップアウトで消去されるニューロンは、バッチごとに入れ替わります。層のニューロンが消去されずに残る確率をpとした場合、中間層には$p=0.5$が、入力層には$p=0.8\sim0.9$などの値が用いられることが多いようです。訓練済みのモデルを使って予測を行う時は、このpの値を層の出力にかけ合わせて、学習時にニューロンが減った影響の辻褄を合わせます。

以下は、PyTorchにおけるドロップアウト実装の例です。

```
import torch.nn as nn

class Net(nn.Module):
    def __init__(self):
        super().__init__()
        ...
        self.dropout = nn.Dropout(p=0.5)  ➡
# ドロップアウト:(p=ドロップアウト率)
        ...

    def forward(self, x):
        ...
        x = self.dropout(x)
        ...
        return x
```

p=0.5でドロップアウト率を指定しています。

このように、ドロップアウトは「層」として扱い実装することができます。他の層と同じように扱えるので、コードの見通しが良くなります。

ドロップアウトは実装が比較的容易でありながら、汎化性能の向上に大きな効果があります。その理由の1つは、ドロップアウトを導入した機械学習が、形状の異なる小さなネットワークの組み合わせによる学習であるため、と考えられます。

複数のモデルの組み合わせにより性能が向上する効果は、機械学習の分野で「アンサンブル効果」として知られています。この効果を、ドロップアウトは小さな導入、計算コストで得ることができるので、多くのモデルに導入されています。

5.5 CNNの実装

PyTorchを使って、畳み込みニューラルネットワーク（CNN）を実装します。CNN自体は畳み込み層とプーリング層を追加するのみで実装可能なのですが、今回はデータ拡張とドロップアウトの実装も行います。
学習に時間がかかるので、「編集」→「ノートブックの設定」の「ハードウェアアクセラレータ」で「GPU」を選択しましょう。

5.5.1 DataLoaderの設定

データ拡張として、回転とリサイズ、及び左右反転を行います。また、学習が効率的になるように入力の平均値を0、標準偏差を1にします（標準化）。

DataLoaderは、訓練データ、テストデータそれぞれで設定します（リスト5.6）。

リスト5.6 DataLoaderの設定

In

```
from torchvision.datasets import CIFAR10
import torchvision.transforms as transforms
from torch.utils.data import DataLoader

cifar10_classes = ["airplane", "automobile", "bird", ➡
"cat", "deer",
                   "dog", "frog", "horse", "ship", ➡
"truck"]

affine = transforms.RandomAffine((-30, 30), ➡
scale=(0.8, 1.2))  # 回転とリサイズ
flip = transforms.RandomHorizontalFlip(p=0.5)  # 左右反転
normalize = transforms.Normalize((0.0, 0.0, 0.0), ➡
(1.0, 1.0, 1.0))  # 平均値を0、標準偏差を1に
to_tensor = transforms.ToTensor()

transform_train = transforms.Compose([affine, ➡
flip, to_tensor, normalize])
transform_test = transforms.Compose([to_tensor, ➡
normalize])
```

```
cifar10_train = CIFAR10("./data", train=True, ➡
download=True, transform=transform_train)
cifar10_test = CIFAR10("./data", train=False, ➡
download=True, transform=transform_test)

# DataLoaderの設定
batch_size = 64
train_loader = DataLoader(cifar10_train, ➡
batch_size=batch_size, shuffle=True)
test_loader = DataLoader(cifar10_test, ➡
batch_size=batch_size, shuffle=False)
```

Out

```
Downloading https://www.cs.toronto.edu/~kriz/➡
cifar-10-python.tar.gz to ./data/cifar-10-python.tar.gz

Extracting ./data/cifar-10-python.tar.gz to ./data
Files already downloaded and verified
```


5.5.2 CNNモデルの構築

nn.Module()クラスを継承したクラスとして、CNNのモデルを構築します。畳み込み層の後には活性化関数としてReLUを配置し、その次にプーリング層を置きます。プーリング層とReLU層は、学習するパラメータがないので一度設定すれば使い回しができます。また、汎化性能の向上のためにドロップアウトを導入します（リスト5.7）。

リスト5.7 CNNモデルの構築

In

```
import torch.nn as nn

class Net(nn.Module):
    def __init__(self):
        super().__init__()
        self.conv1 = nn.Conv2d(3, 8, 5)  ➡
# 畳み込み層:(入力チャンネル数, フィルタ数、フィルタサイズ)
        self.relu = nn.ReLU()  # ReLU
```

```
        self.pool = nn.MaxPool2d(2, 2)  ➡
# プーリング層：(領域のサイズ, 領域の間隔)
        self.conv2 = nn.Conv2d(8, 16, 5)
        self.fc1 = nn.Linear(16*5*5, 256)  # 全結合層
        self.dropout = nn.Dropout(p=0.5)  ➡
# ドロップアウト:(p=ドロップアウト率)
        self.fc2 = nn.Linear(256, 10)

    def forward(self, x):
        x = self.relu(self.conv1(x))
        x = self.pool(x)
        x = self.relu(self.conv2(x))
        x = self.pool(x)
        x = x.view(-1, 16*5*5)
        x = self.relu(self.fc1(x))
        x = self.dropout(x)
        x = self.fc2(x)
        return x

net = Net()
net.cuda()  # GPU対応
print(net)
```

Out

```
Net(
  (conv1): Conv2d(3, 8, kernel_size=(5, 5), stride=(1, 1))
  (relu): ReLU()
  (pool): MaxPool2d(kernel_size=2, stride=2, ➡
padding=0, dilation=1, ceil_mode=False)
  (conv2): Conv2d(8, 16, kernel_size=(5, 5), ➡
stride=(1, 1))
  (fc1): Linear(in_features=400, out_features=256, ➡
bias=True)
  (dropout): Dropout(p=0.5, inplace=False)
  (fc2): Linear(in_features=256, out_features=10, ➡
bias=True)
)
```

上記のモデルの各層で、画像のサイズ（チャンネル数, 画像の高さ, 画像の幅）は以下のように変化します。

```
入力画像: (3, 32, 32)
↓
nn.Conv2d(3, 6, 5): (6, 28, 28)
↓
nn.MaxPool2d(2, 2): (6, 14, 14)
↓
nn.Conv2d(6, 16, 5): (16, 10, 10)
↓
nn.MaxPool2d(2, 2): (16, 5, 5)
```

以下の箇所の**16*5*5**は、上記の結果得られた入力の数です。

```
self.fc1 = nn.Linear(16*5*5, 256)  # 全結合層
```

5.2節「畳み込みとプーリング」で解説した通り、フィルタ数は次の層の入力のチャンネル数になります。

画像の高さ、幅の変化は、**5.2節**「畳み込みとプーリング」で解説した以下の式を使って計算しました。

$$O_h = \frac{I_h - F_h + 2D}{S} + 1$$

$$O_w = \frac{I_w - F_w + 2D}{S} + 1$$

O_h、O_w：出力画像の高さ、幅
I_h、I_w：入力画像の高さ、幅
F_h、F_w：フィルタの高さ、幅
D：パディングの幅
S：ストライドの幅

リスト5.7のモデルの畳み込み層では、パディングは0、ストライドは1となっています。

5.5.3 学習

CNNのモデルを訓練します。

DataLoaderを使い、ミニバッチを取り出して訓練及び評価を行います（リスト5.8）。

リスト5.8 CNNモデルの訓練

In

```
from torch import optim

# 交差エントロピー誤差関数
loss_fnc = nn.CrossEntropyLoss()

# 最適化アルゴリズム
optimizer = optim.Adam(net.parameters())

# 損失のログ
record_loss_train = []
record_loss_test = []

# 学習
for i in range(20):  # 20エポック学習
    net.train()  # 訓練モード
    loss_train = 0
    for j, (x, t) in enumerate(train_loader):  ➡
# ミニバッチ（x, t）を取り出す
        x, t = x.cuda(), t.cuda()  # GPU対応
        y = net(x)
        loss = loss_fnc(y, t)
        loss_train += loss.item()
        optimizer.zero_grad()
        loss.backward()
        optimizer.step()
    loss_train /= j+1
    record_loss_train.append(loss_train)

    net.eval()  # 評価モード
    loss_test = 0
```

```
    for j, (x, t) in enumerate(test_loader):  ➡
# ミニバッチ (x, t) を取り出す
        x, t = x.cuda(), t.cuda()
        y = net(x)
        loss = loss_fnc(y, t)
        loss_test += loss.item()
    loss_test /= j+1
    record_loss_test.append(loss_test)

    if i%1 == 0:
        print("Epoch:", i, "Loss_Train:", ➡
loss_train, "Loss_Test:", loss_test)
```

Out

```
Epoch: 0 Loss_Train: 1.8129897009381248 Loss_Test: ➡
1.5517411938138828
Epoch: 1 Loss_Train: 1.595362997268472 Loss_Test: ➡
1.4836285083916536
Epoch: 2 Loss_Train: 1.523641557339817 Loss_Test: ➡
1.3503710107438882
Epoch: 3 Loss_Train: 1.4686073855975705 Loss_Test: ➡
1.3178245254382965
Epoch: 4 Loss_Train: 1.4380894559423636 Loss_Test: ➡
1.296043567596727
Epoch: 5 Loss_Train: 1.4072567678016166 Loss_Test: ➡
1.222465671171808
Epoch: 6 Loss_Train: 1.3889851515250438 Loss_Test: ➡
1.237261495013146
Epoch: 7 Loss_Train: 1.3730250257055472 Loss_Test: ➡
1.2003770330149657
Epoch: 8 Loss_Train: 1.3506218947260582 Loss_Test: ➡
1.1992106847702317
Epoch: 9 Loss_Train: 1.3470851806423547 Loss_Test: ➡
1.1905805901357323
Epoch: 10 Loss_Train: 1.3380761376732146 Loss_Test: ➡
1.1498946334905684
Epoch: 11 Loss_Train: 1.3139332349952835 Loss_Test: ➡
1.1668480353750241
Epoch: 12 Loss_Train: 1.3032616280838656 Loss_Test: ➡
1.1485545714949346
```

```
Epoch: 13 Loss_Train: 1.3076617266515942 Loss_Test: ➡
1.1588518372766532
Epoch: 14 Loss_Train: 1.2979789004301476 Loss_Test: ➡
1.1126640841459772
Epoch: 15 Loss_Train: 1.2884463255515184 Loss_Test: ➡
1.108237729330731
Epoch: 16 Loss_Train: 1.284348160562003 Loss_Test: ➡
1.1234578076441577
Epoch: 17 Loss_Train: 1.2804677305776444 Loss_Test: ➡
1.122142652417444
Epoch: 18 Loss_Train: 1.2712279638213575 Loss_Test: ➡
1.1007686420610756
Epoch: 19 Loss_Train: 1.2716647721922305 Loss_Test: ➡
1.130369410013697
```

5.5.4 誤差の推移

訓練データとテストデータ、それぞれの誤差の推移をグラフで表示します（リスト5.9）。

リスト5.9 誤差の推移

In

```
import matplotlib.pyplot as plt

plt.plot(range(len(record_loss_train)), ➡
record_loss_train, label="Train")
plt.plot(range(len(record_loss_test)), ➡
record_loss_test, label="Test")
plt.legend()

plt.xlabel("Epochs")
plt.ylabel("Error")
plt.show()
```

Out

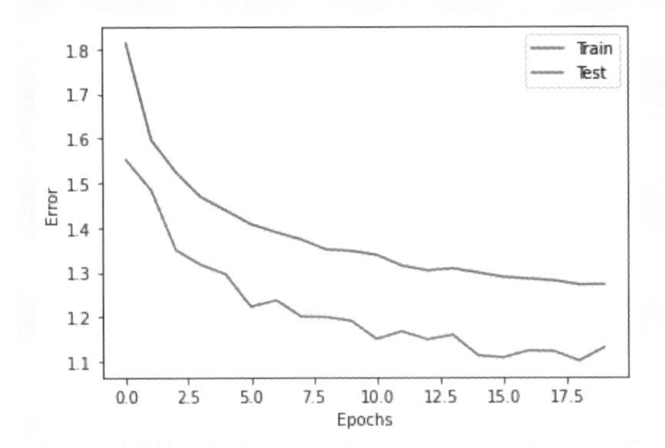

訓練データ、テストデータ、それぞれの誤差はともに滑らかに減少しています。時間はかかりますが、エポック数を増やすことで誤差はさらに下がりそうです。

5.5.5 正解率

モデルの性能を把握するため、テストデータを使い正解率を測定します（リスト5.10）。

リスト5.10 正解率の計算

In

```
correct = 0
total = 0
net.eval()  # 評価モード
for i, (x, t) in enumerate(test_loader):
    x, t = x.cuda(), t.cuda()  # GPU対応
    y = net(x)
    correct += (y.argmax(1) == t).sum().item()
    total += len(x)
print("正解率:", str(correct/total*100) + "%")
```

Out

```
正解率: 60.129999999999995%
```

60％程度の正解率となりました。ハイパーパラメータやデータの前処理は、まだまだ改善できそうです。

5.5.6 訓練済みのモデルを使った予測

訓練済みのモデルを使ってみましょう。画像を入力し、モデルが機能していることを確かめます（リスト5.11）。

リスト5.11 訓練済みモデルを使った予測

In

```
cifar10_loader = DataLoader(cifar10_test, ➡
batch_size=1, shuffle=True)
dataiter = iter(cifar10_loader)
images, labels = dataiter.next()  # サンプルを1つだけ取り出す

plt.imshow(images[0].permute(1, 2, 0))  ➡
# チャンネルを一番後ろに
plt.tick_params(labelbottom=False, labelleft=False, ➡
bottom=False, left=False)  # ラベルとメモリを非表示に
plt.show()

net.eval()  # 評価モード
x, t = images.cuda(), labels.cuda()  # GPU対応
y = net(x)
print("正解:", cifar10_classes[labels[0]],
      "予測結果:", cifar10_classes[y.argmax().item()])
```

Out

```
正解: bird 予測結果: bird
```

リスト5.11 では、画像中の物体を正しく分類できています。ただ、60%程度の正解率なので、外れることも多いです。

CNNのモデルを構築し、データ拡張を施した画像データセットを使って訓練することで、画像を分類するモデルを作ることができました。

5.6 演習

Chapter5の演習は、CNN実装の練習です。新たなデータ拡張を追加するコードと、CNNのモデルを構築するコードを書いてみましょう。
コードが書けたら、実行して問題なく動作することを確認しましょう。

5.6.1 DataLoaderの設定

新たなデータ拡張を追加してください。transforms.RandomErasing()クラスにより、画像の領域がランダムに消去されます。

リスト5.12 にコードを追記し、データ拡張の一環としてtransforms.RandomErasing()クラスによるランダムな画像領域の消去を実装しましょう。

transforms.RandomErasing()クラスについては、**5.3節**「データ拡張」で解説しました。

リスト5.12 DataLoaderの設定

In

```
from torchvision.datasets import CIFAR10
import torchvision.transforms as transforms
from torch.utils.data import DataLoader

cifar10_classes = ["airplane", "automobile", "bird", ➡
"cat", "deer",
                   "dog", "frog", "horse", "ship", ➡
"truck"]

affine = transforms.RandomAffine((-30, 30), ➡
scale=(0.8, 1.2))  # 回転とリサイズ
flip = transforms.RandomHorizontalFlip(p=0.5)  # 左右反転
normalize = transforms.Normalize((0.0, 0.0, 0.0), ➡
(1.0, 1.0, 1.0))  # 平均値を0、標準偏差を1に
to_tensor = transforms.ToTensor()
erase =   # ←ここにコードを追記
```

```
transform_train = transforms.Compose(  # ←ここにコードを追記
transform_test = transforms.Compose➡
([to_tensor, normalize])
cifar10_train = CIFAR10("./data", train=True, ➡
download=True, transform=transform_train)
cifar10_test = CIFAR10("./data", train=False, ➡
download=True, transform=transform_test)

# DataLoaderの設定
batch_size = 64
train_loader = DataLoader(cifar10_train, ➡
batch_size=batch_size, shuffle=True)
test_loader = DataLoader(cifar10_test, ➡
batch_size=batch_size, shuffle=False)
```

5.6.2 CNNモデルの構築

リスト5.13で、forward()メソッドの内部にコードを記述し、CNNのモデルを構築してください。

リスト5.13 CNNモデルの構築

In

```
import torch.nn as nn

class Net(nn.Module):
    def __init__(self):
        super().__init__()
        self.conv1 = nn.Conv2d(3, 8, 5)  ➡
# 畳み込み層:(入力チャンネル数, フィルタ数、フィルタサイズ)
        self.relu = nn.ReLU()  # ReLU
        self.pool = nn.MaxPool2d(2, 2)  ➡
# プーリング層:(領域のサイズ, 領域の間隔)
        self.conv2 = nn.Conv2d(8, 16, 5)
        self.fc1 = nn.Linear(16*5*5, 256)  # 全結合層
        self.dropout = nn.Dropout(p=0.5)  ➡
# ドロップアウト:(p=ドロップアウト率)
        self.fc2 = nn.Linear(256, 10)
```

```
    def forward(self, x):
        # ------- 以下にコードを書く -------









        # ------- ここまで -------
        return x

net = Net()
net.cuda()  # GPU対応
print(net)
```

5.6.3 学習

学習をさせます（リスト5.14）。

リスト5.14 CNNモデルの訓練

In

```
from torch import optim

# 交差エントロピー誤差関数
loss_fnc = nn.CrossEntropyLoss()

# 最適化アルゴリズム
optimizer = optim.Adam(net.parameters())

# 損失のログ
record_loss_train = []
record_loss_test = []

# 学習
for i in range(20):  # 20エポック学習
    net.train()  # 訓練モード
```

```
    loss_train = 0
    for j, (x, t) in enumerate(train_loader):  ➡
# ミニバッチ（x, t）を取り出す
        x, t = x.cuda(), t.cuda()  # GPU対応
        y = net(x)
        loss = loss_fnc(y, t)
        loss_train += loss.item()
        optimizer.zero_grad()
        loss.backward()
        optimizer.step()
    loss_train /= j+1
    record_loss_train.append(loss_train)

    net.eval()  # 評価モード
    loss_test = 0
    for j, (x, t) in enumerate(test_loader):  ➡
# ミニバッチ（x, t）を取り出す
        x, t = x.cuda(), t.cuda()
        y = net(x)
        loss = loss_fnc(y, t)
        loss_test += loss.item()
    loss_test /= j+1
    record_loss_test.append(loss_test)

    if i%1 == 0:
        print("Epoch:", i, "Loss_Train:", ➡
loss_train, "Loss_Test:", loss_test)
```

5.6.4　誤差の推移

誤差の推移を確認します（リスト5.15）。

リスト5.15 誤差の推移

In

```
import matplotlib.pyplot as plt

plt.plot(range(len(record_loss_train)), ➡
record_loss_train, label="Train")
plt.plot(range(len(record_loss_test)), ➡
record_loss_test, label="Test")
plt.legend()

plt.xlabel("Epochs")
plt.ylabel("Error")
plt.show()
```

5.6.5　正解率

正解率を出します（リスト5.16）。

リスト5.16 正解率の計算

In

```
correct = 0
total = 0
net.eval()  # 評価モード
for i, (x, t) in enumerate(test_loader):
    x, t = x.cuda(), t.cuda()  # GPU対応
    y = net(x)
    correct += (y.argmax(1) == t).sum().item()
    total += len(x)
print("正解率:", str(correct/total*100) + "%")
```

5.6.6 訓練済みのモデルを使った予測

訓練済みのモデルを使った予測をします（リスト5.17）。

リスト5.17 訓練済みのモデルを使った予測

In

```
cifar10_loader = DataLoader(cifar10_test, batch_size=1, ➡
shuffle=True)
dataiter = iter(cifar10_loader)
images, labels = dataiter.next()  # サンプルを1つだけ取り出す

plt.imshow(images[0].permute(1, 2, 0))  ➡
# チャンネルを一番後ろに
plt.tick_params(labelbottom=False, labelleft=False, ➡
bottom=False, left=False)  # ラベルとメモリを非表示に
plt.show()

net.eval()  # 評価モード
x, t = images.cuda(), labels.cuda()  # GPU対応
y = net(x)
print("正解:", cifar10_classes[labels[0]],
      "予測結果:", cifar10_classes[y.argmax().item()])
```

5.6.7 解答例

以下は解答例です。

データ前処理の設定

データ前処理の設定の解答例です（リスト5.18）。

リスト5.18 解答例：DataLoaderの設定

In

```
from torchvision.datasets import CIFAR10
import torchvision.transforms as transforms
from torch.utils.data import DataLoader

cifar10_classes = ["airplane", "automobile", ➡
"bird", "cat", "deer",
                   "dog", "frog", "horse", ➡
"ship", "truck"]

affine = transforms.RandomAffine((-30, 30), ➡
scale=(0.8, 1.2))  # 回転とリサイズ
flip = transforms.RandomHorizontalFlip(p=0.5)  # 左右反転
normalize = transforms.Normalize((0.0, 0.0, 0.0), ➡
(1.0, 1.0, 1.0))  # 平均値を0、標準偏差を1に
to_tensor = transforms.ToTensor()
erase = transforms.RandomErasing(p=0.5)  # ←ここにコードを追記

transform_train = transforms.Compose([affine, flip, ➡
to_tensor, normalize, erase])  # ←ここにコードを追記
transform_test = transforms.Compose➡
([to_tensor, normalize])
cifar10_train = CIFAR10("./data", train=True, ➡
download=True, transform=transform_train)
cifar10_test = CIFAR10("./data", train=False, ➡
download=True, transform=transform_test)

# DataLoaderの設定
batch_size = 64
train_loader = DataLoader(cifar10_train, ➡
batch_size=batch_size, shuffle=True)
test_loader = DataLoader(cifar10_test, ➡
batch_size=batch_size, shuffle=False)
```

● モデルの構築

モデルの構築の解答例です（リスト5.19）。

リスト5.19 解答例：CNNモデルの構築

In

```
import torch.nn as nn

class Net(nn.Module):
    def __init__(self):
        super().__init__()
        self.conv1 = nn.Conv2d(3, 8, 5)  ➡
# 畳み込み層:(入力チャンネル数, フィルタ数、フィルタサイズ)
        self.relu = nn.ReLU()  # ReLU
        self.pool = nn.MaxPool2d(2, 2)  ➡
# プーリング層:（領域のサイズ, 領域の間隔）
        self.conv2 = nn.Conv2d(8, 16, 5)
        self.fc1 = nn.Linear(16*5*5, 256)  # 全結合層
        self.dropout = nn.Dropout(p=0.5)  ➡
# ドロップアウト:(p=ドロップアウト率)
        self.fc2 = nn.Linear(256, 10)

    def forward(self, x):
        # ------- 以下にコードを書く -------
        x = self.relu(self.conv1(x))
        x = self.pool(x)
        x = self.relu(self.conv2(x))
        x = self.pool(x)
        x = x.view(-1, 16*5*5)
        x = self.relu(self.fc1(x))
        x = self.dropout(x)
        x = self.fc2(x)
        # ------- ここまで -------
        return x

net = Net()
net.cuda()  # GPU対応
print(net)
```

5.7 まとめ

Chapter5で学んだことについてまとめます。

本チャプターでは、CNNのPyTorchによる実装を解説しました。CNNに必要な畳み込み層やプーリング層は、PyTorchのnnモジュールを使えば簡単にモデルに導入することができます。さらに、データ拡張やドロップアウトの導入により、汎化性能を改善することが可能です。

CNNによる画像認識は、応用範囲が広く他の技術のベースにもなりますので、ぜひ自分で実装できるようになっておきましょう。

Chapter 6

RNN（再帰型ニューラルネットワーク）

このチャプターでは、RNN（再帰型ニューラルネットワーク）の概要、及びPyTorchを使った実装について解説します。
RNNは時間方向に中間層がつながったニューラルネットワークなので、時系列データを学習し、予測することが得意です。
本チャプターには以下の内容が含まれます。

- RNNの概要
- シンプルなRNNの実装
- LSTMの概要
- GRUの概要
- RNNによる画像生成
- 演習

最初に、RNNの概要を解説します。その上で、シンプルなRNNを構築し、時系列データの学習と予測を行います。また、RNNの発展形であるLSTMとGRUの概要を学びます。
さらに、ここまで学んできたRNNの技術を使って簡単な画像生成を行います。画像を時系列データと捉えてRNNに学習させるのですが、これにより続きの画像を予測して生成することが可能になります。
そして、最後に演習を行います。
チャプターの内容は以上になります。RNNをPyTorchで実装できるようになりましょう。
現実世界には時系列データが溢れているので、RNNは様々な分野で活躍しています。仕組みを学びコードで実装することで、その可能性を感じていただければと思います。

6.1 RNNの概要

RNN（Recurrent neural network、再帰型ニューラルネットワーク）の概要を解説します。
RNNは時間変化するデータ、すなわち時系列データを入力にすることができるので、音声や文章、動画などを扱うのに適しています。

6.1.1 再帰型ニューラルネットワーク（RNN）とは

RNNは、図6.1のように中間層がループする構造を持ちます。中間層が前の時刻の中間層と接続されており、これにより時系列データを扱うことが可能になります。

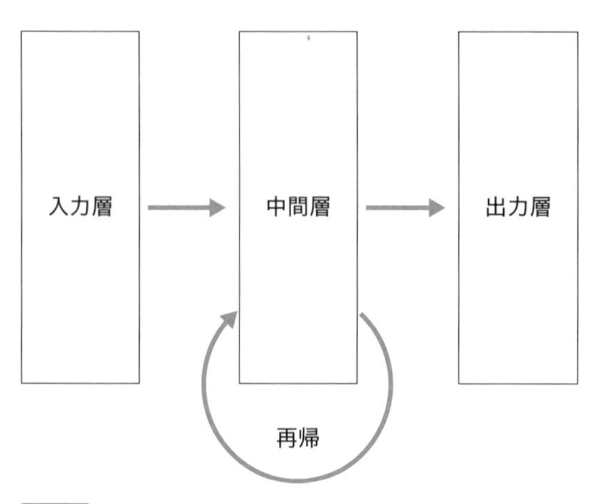

図6.1 RNNの概念

以下はRNNで扱える時系列データの例です。

- 文書
- 音声データ
- 音楽
- 株価
- 産業機器の状態
- etc...

RNNでは、このようなデータを入力や正解として使います。

図6.2 は、RNNを各時刻に展開したものです。

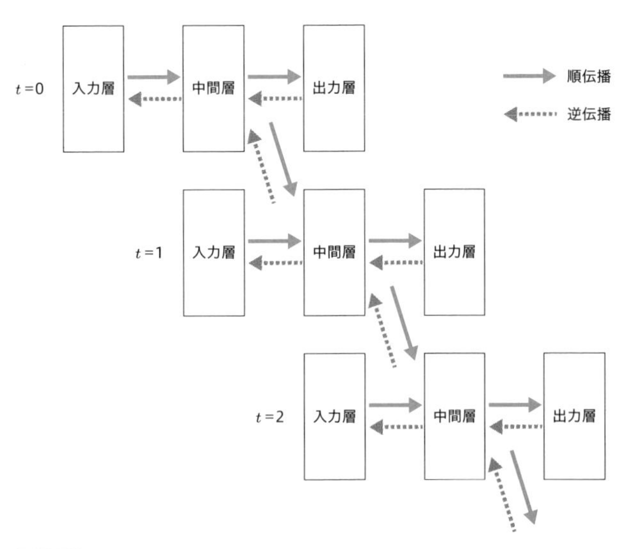

図6.2 RNNを各時刻に展開

時間方向で中間層が全てつながっており、ある意味深い層のニューラルネットワークになっていることがわかります。

図6.2 の実線は順伝播を表します。順伝播では、時間方向に入力が伝播します。また、点線は逆伝播を表します。RNNの逆伝播は、時系列を遡るように誤差が伝播します。そして通常のニューラルネットワークと同様に勾配が計算されて、重みやバイアスなどのパラメータが更新されます。なお、パラメータは各時刻ごとにあるのではなく、全時刻共通となります。

RNNの出力層ですが、全時刻に配置する場合と、最後の時刻にのみ配置する場合があります（図6.3）。

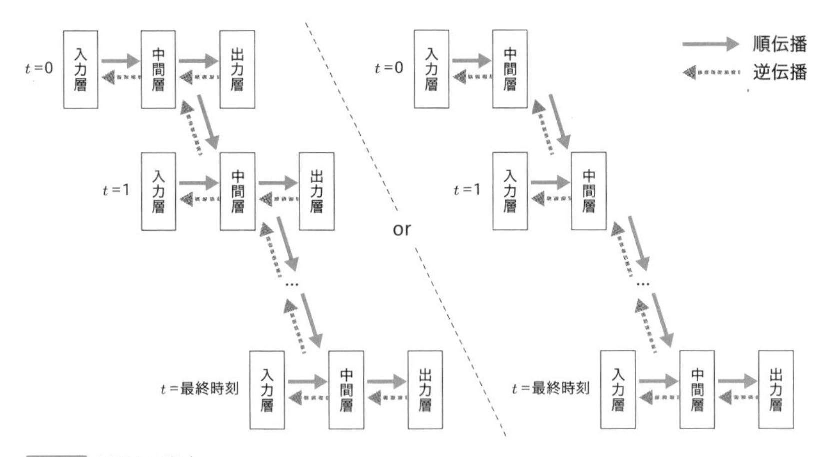

図6.3 RNNの出力

RNNはある意味、時間方向に深いネットワーク構造をしているのですが、何度も誤差を伝播させると、「勾配爆発」と呼ばれる勾配が発散する問題や、「勾配消失」と呼ばれる勾配が消失する問題がしばしば発生します。RNNの場合、前の時刻から引き継いだデータに繰り返し同じ重みをかけ合わせるため、この問題は通常のニューラルネットワークと比べてより顕著になります。

これらの問題に対しては、勾配の上限の設定や、**6.3節**「LSTMの概要」で解説する「記憶セル」導入などの対処が行われています。

6.1.2 シンプルなRNN層の実装

以下は、PyTorchにおけるシンプルなRNN層の実装の例です。

```
import torch.nn as nn

class Net(nn.Module):
    def __init__(self):
        super().__init__()
        ...
        self.rnn = nn.RNN(  # RNN層
            input_size=1,  # 入力数
            hidden_size=64,  # ニューロン数
            batch_first=True, ➡
# 入力の形状を (バッチサイズ, 時刻の数, 入力の数) にする
        )
```

```
        ...

    def forward(self, x):
        ...
        # y_rnn: 全時刻の出力 h: 中間層の最終時刻の値
        y_rnn, h = self.rnn(x, None)
        ...
        return y
```

シンプルなRNN層nn.RNN()クラスには、入力数、ニューロン数、入力の形状などを渡します。

以下の箇所では、時系列の入力xをRNN層に渡しています。

```
        # y_rnn: 全時刻の出力 h: 中間層の最終時刻の値
        y_rnn, h = self.rnn(x, None)
```

xは3次元のTensorで、(バッチサイズ, 時刻の数, 入力の数) の形状です。

xの後にNoneと記述していますが、これにより最初の時刻に受け取る時間方向の入力値が0に設定されます。

6.2 シンプルなRNNの実装

PyTorchを使って、シンプルなRNNを実装します。
RNNのモデルに、ノイズ付きサインカーブを時系列として学習させます。そして、学習済みのモデルを使って、1つ先の未来を予測するように曲線を描画します。これにより、時系列データの予測ができることを確認します。

6.2.1 訓練用データの作成

サインカーブに乱数でノイズを加えて、訓練用の時系列データを作成します(リスト6.1)。

リスト6.1 ノイズ付きサインカーブ

In

```
import torch
import math
import matplotlib.pyplot as plt

sin_x = torch.linspace(-2*math.pi, 2*math.pi, 100) ➡
# -2πから2πまで
sin_y = torch.sin(sin_x)  + 0.1*torch.randn(len(sin_x)) ➡
# sin関数に乱数でノイズを加える
plt.plot(sin_x, sin_y)
plt.show()
```

Out

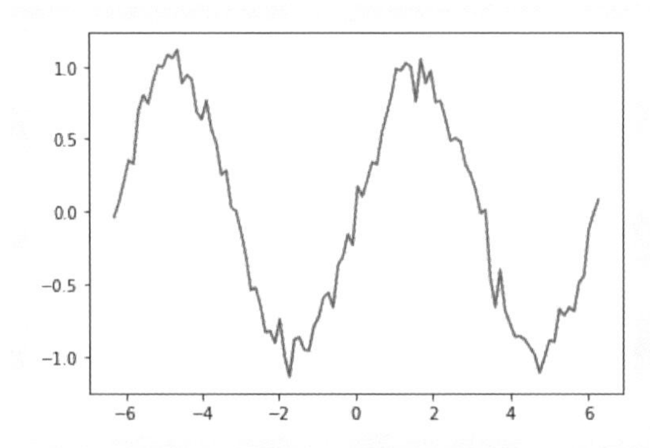

グラフの横軸が時間に相当します。2つの山と谷があるサインカーブに、ノイズが付加された時系列データです。

このようなノイズ付きサインカーブの一部を切り取ってRNNの入力とし、次の時刻の値を正解としてモデルを訓練します。

サインカーブ自体は単純な時系列データですが、このような波をRNNで学習できれば、例えば音声認識に応用することも可能です。今回の扱う対象はシンプルですが、現実社会で広く応用が可能です。

6.2.2 データの前処理

サインカーブのデータを、RNNの入力、正解に適した形に整えます（リスト6.2）。

今回は最後の時刻の出力を使って予測するので、入力のみ時系列にします。正解は時系列にしません。

時系列の入力から次の時刻の値を予測できるようモデルを訓練します。今回は、サインカーブの時系列の値を入力として、正解はその1つ後の値とします。

リスト6.2 データの前処理

In

```
from torch.utils.data import TensorDataset, DataLoader

n_time = 10  # 時刻の数
n_sample = len(sin_x)-n_time  # サンプル数

input_data = torch.zeros((n_sample, n_time, 1))  # 入力
correct_data = torch.zeros((n_sample, 1))  # 正解
for i in range(n_sample):
    input_data[i] = sin_y[i:i+n_time].view(-1, 1)  ➡
# (時刻の数, 入力の数)
    correct_data[i] = sin_y[i+n_time:i+n_time+1]  ➡
# 正解は入力よりも1つ後

dataset = TensorDataset(input_data, correct_data)  ➡
# データセットの作成
train_loader = DataLoader(dataset, batch_size=8, ➡
shuffle=True)  # DataLoaderの設定
```

入力データの形状は(サンプル数, 時刻の数, 各時刻の入力の数)ですが、この場合、各時刻の入力の数は1となります。

また、正解データの形状は(サンプル数, 正解の数)ですが、この場合、正解の数は1となります。

6.2.3 モデルの構築

nn.Module()クラスを継承したクラスとして、RNNのモデルを構築します。

RNN層はnn.RNN()クラスを使うことで簡単に実装することができます。この層への入力は、時系列データにする必要があります。

今回は最後の時刻の出力のみ利用するので、forward()メソッドは最後の時刻の出力のみ返すようにします(リスト6.3)。

リスト6.3 RNNモデルの構築

In

```
import torch.nn as nn

class Net(nn.Module):
    def __init__(self):
        super().__init__()
        self.rnn = nn.RNN(  # RNN層
            input_size=1,  # 入力数
            hidden_size=64,  # ニューロン数
            batch_first=True,  ➡
# 入力の形状を(バッチサイズ, 時刻の数, 入力の数)にする
        )
        self.fc = nn.Linear(64, 1)  # 全結合層

    def forward(self, x):
        # y_rnn:全時刻の出力 h:中間層の最終時刻の値
        y_rnn, h = self.rnn(x, None)
        y = self.fc(y_rnn[:, -1, :])  ➡
# -1で最後の時刻のみ取得して全結合層へ渡す
        return y

net = Net()
print(net)
```

Out

```
Net(
  (rnn): RNN(1, 64, batch_first=True)
  (fc): Linear(in_features=64, out_features=1, bias=True)
)
```

6.2.4 学習

RNNのモデルを訓練します。DataLoaderを使い、ミニバッチを取り出して訓練を行います。

訓練されたモデルを使い、直近の時系列を使った予測結果を次々と時系列に加えていくことにより、曲線が生成されます。ある意味、RNNによる未来予測です。曲線は、一定のエポック間隔でグラフとして描画されます(リスト6.4)。

リスト6.4 RNNモデルの訓練

In

```
from torch import optim

# 平均二乗誤差
loss_fnc = nn.MSELoss()

# 最適化アルゴリズム
optimizer = optim.SGD(net.parameters(), lr=0.01)  ➡
# 学習率は0.01

# 損失のログ
record_loss_train = []

# 学習
epochs = 100  # エポック数
for i in range(epochs):
    net.train()  # 訓練モード
    loss_train = 0
    for j, (x, t) in enumerate(train_loader):  ➡
# ミニバッチ (x, t) を取り出す
        y = net(x)
        loss = loss_fnc(y, t)
```

```
        loss_train += loss.item()
        optimizer.zero_grad()
        loss.backward()
        optimizer.step()
    loss_train /= j+1
    record_loss_train.append(loss_train)

    # 経過の表示
    if i%10==0 or i==epochs-1:
        net.eval()  # 評価モード
        print("Epoch:", i, "Loss_Train:", loss_train)
        predicted = list(input_data[0].view(-1)) ➡
# 最初の入力
        for i in range(n_sample):
            x = torch.tensor(predicted[-n_time:]) ➡
# 直近の時系列を取り出す
            x = x.view(1, n_time, 1)  #➡
（バッチサイズ, 時刻の数, 入力の数）
            y = net(x)
            predicted.append(y[0].item()) ➡
# 予測結果をpredictedに追加する

        plt.plot(range(len(sin_y)), sin_y, ➡
label="Correct")
        plt.plot(range(len(predicted)), predicted, ➡
label="Predicted")
        plt.legend()
        plt.show()
```

Out

```
Epoch: 0 Loss_Train: 0.4525601367155711
```

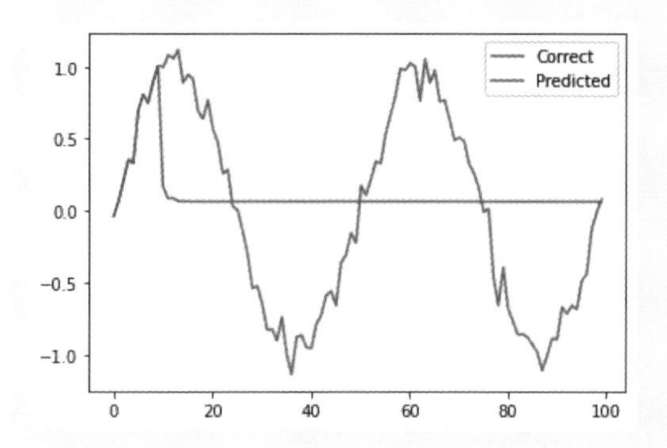


```
Epoch: 10 Loss_Train: 0.04435513510058323
```

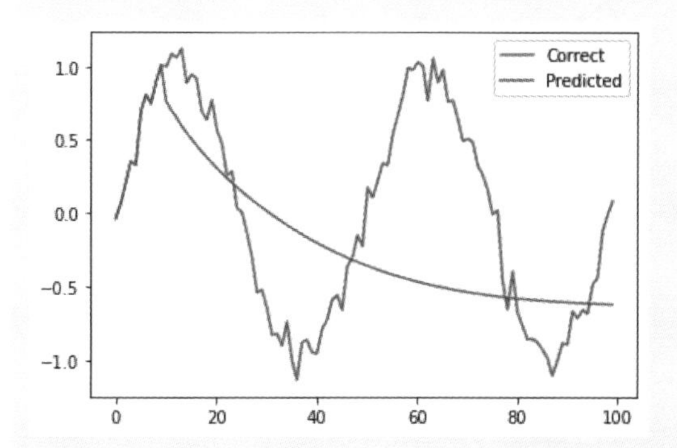


```
Epoch: 20 Loss_Train: 0.030015566075841587
```

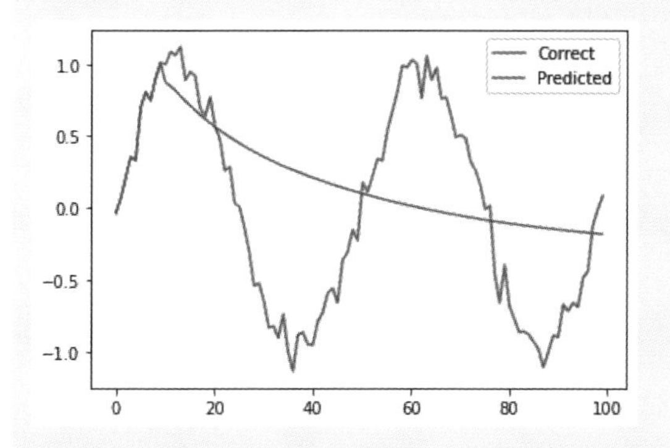

```
Epoch: 30 Loss_Train: 0.022564419157182176
```

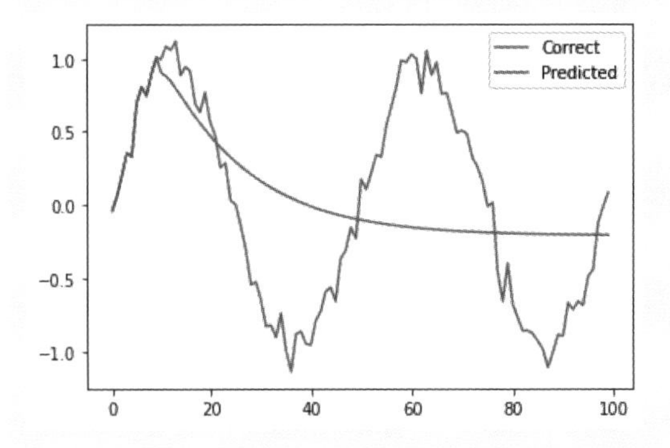


```
Epoch: 40 Loss_Train: 0.016841123656680185
```

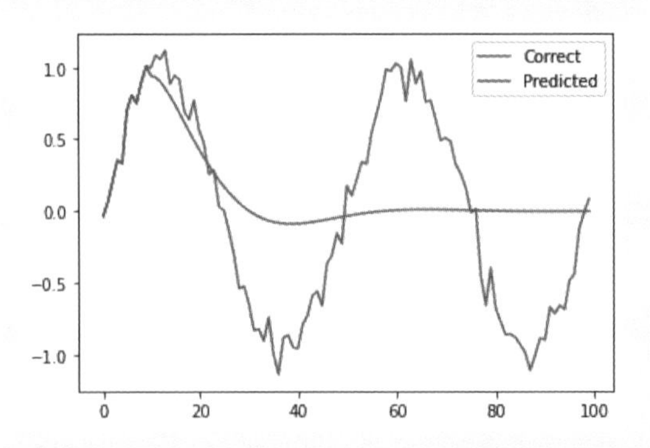


```
Epoch: 50 Loss_Train: 0.014281047818561396
```

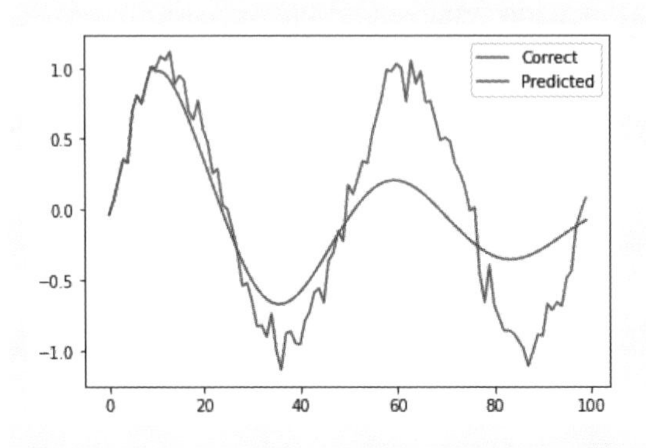

```
Epoch: 60 Loss_Train: 0.013447764465430131
```

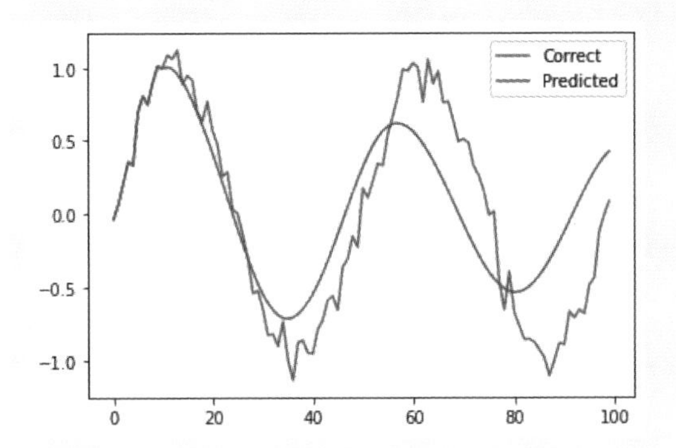


```
Epoch: 70 Loss_Train: 0.013267388431510577
```

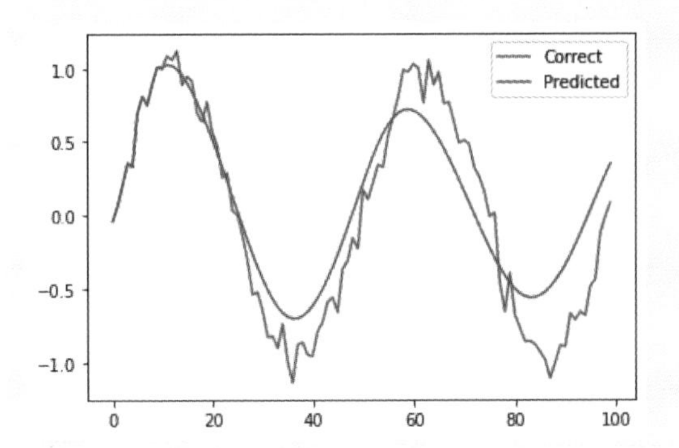


```
Epoch: 80 Loss_Train: 0.013737788617921373
```

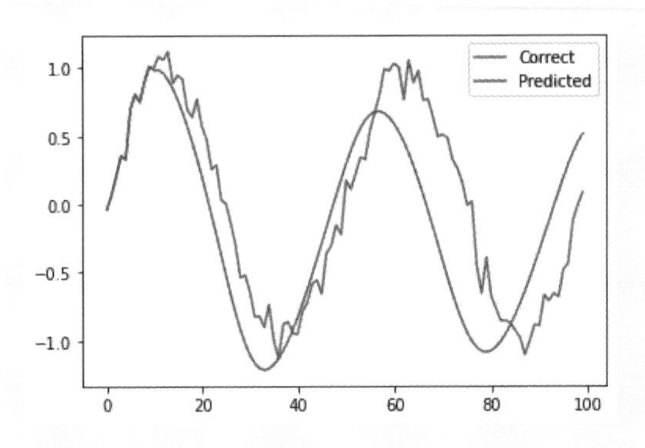

```
Epoch: 90 Loss_Train: 0.013953707316735139
```

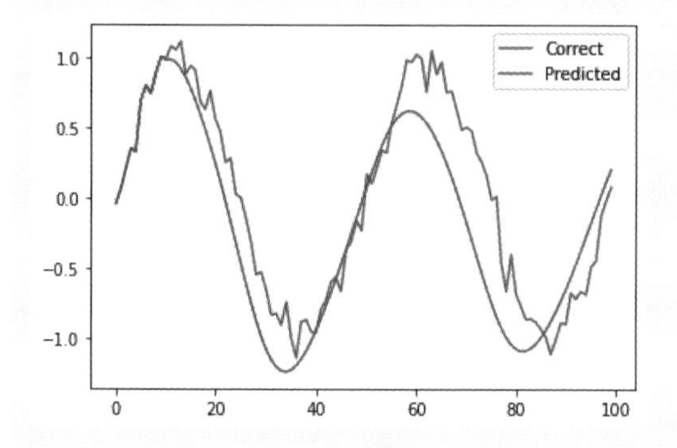


```
Epoch: 99 Loss_Train: 0.013069523052157214
```

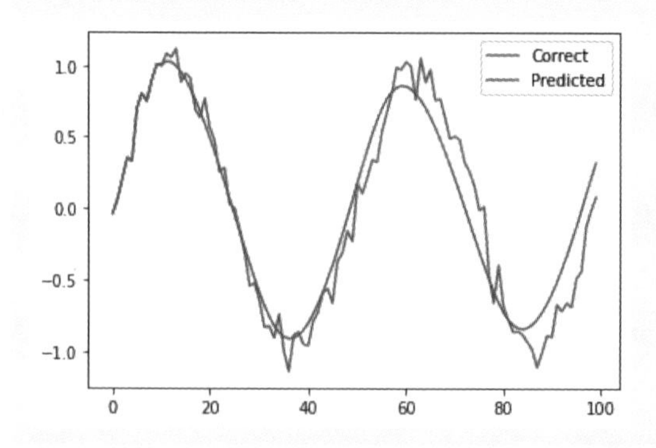

学習が進むとともに、訓練したRNNのモデルは次第にサインカーブに似た曲線を生成するようになります。訓練データにはノイズが付いていましたが、モデルはデータの本質的な特徴を捉えているようです。

6.2.5 誤差の推移

訓練データの推移をグラフ表示します（リスト6.5）。今回はテストデータを使用していません。

リスト6.5 誤差の推移

In

```
plt.plot(range(len(record_loss_train)), ➡
record_loss_train, label="Train")
plt.legend()

plt.xlabel("Epochs")
plt.ylabel("Error")
plt.show()
```

Out

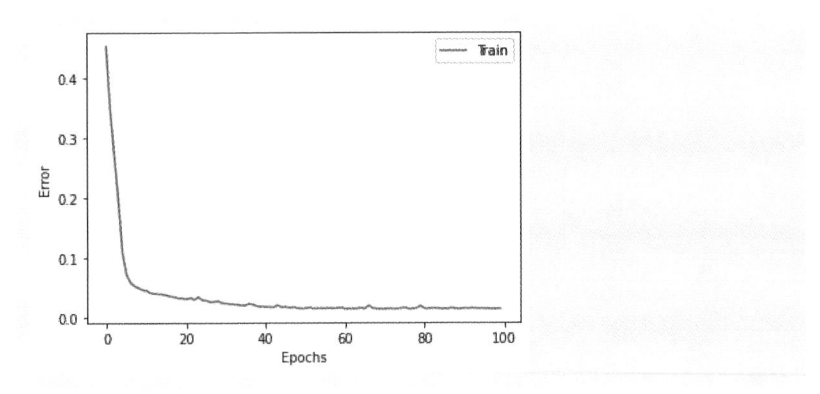

滑らかに誤差が減少した様子を確認できます。

今回の例はシンプルですが、RNNをうまく使えば一種の未来予測に利用することができます。文章や楽曲の生成、株価の予測など様々な用途に使える汎用性の高い技術です。

6.3 LSTMの概要

RNNの一種、LSTM（Long short-term memory）は、シンプルなRNNの長期にわたって記憶を保持するのが難しいという問題をある程度克服します。LSTMは、長期の記憶も短期の記憶もともに保持することができます。

6.3.1 LSTMとは

LSTMは、Long short-term memoryの略で、RNNの一種です。この名前が示す通り、LSTMは長期の記憶も短期の記憶もともに保持することができます。通常のRNNは長期の記憶保持が苦手なのですが、LSTMはこの長期記憶が得意です。

図6.4は、LSTMと通常のRNNの比較です。

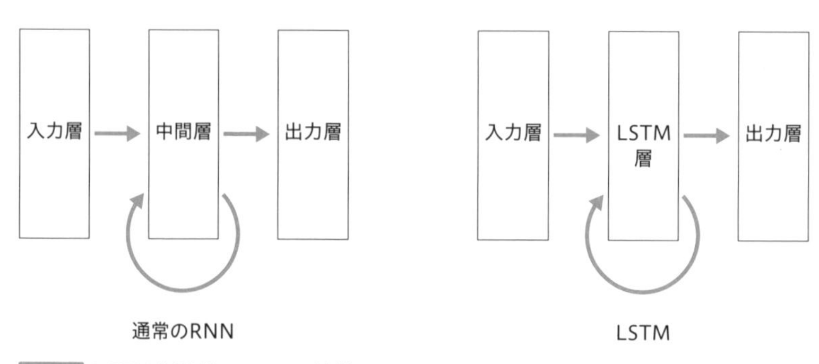

図6.4 LSTMと通常のRNNの比較

LSTMは通常のRNNと同様に中間層がループする再帰の構造を持っていますが、RNNにおける中間層の代わりにLSTM層と呼ばれる回路のような仕組みを持った層を使います。LSTMは、内部に「ゲート」と呼ばれる仕組みを導入することで、過去の情報を「忘れるか忘れないか」を判断しながら、必要な情報だけを次の時刻に引き継ぐことができます。

6.3.2　LSTM層の内部要素

LSTM層は通常のRNN層と比べて複雑な内部構造を持っています。LSTM層の内部には以下の構造があります。

- 出力ゲート（Output gate）：記憶セルの内容を、どの程度層の出力に反映するかを調整します。
- 忘却ゲート（Forget gate）：記憶セルの内容を、どの程度残すかを調整します。
- 入力ゲート（Input gate）：入力、及び1つ前の時刻の出力を、どの程度記憶セルに反映するかを調整します。
- 記憶セル（Memory cell）：過去の記憶を保持します。

LSTM層の構造は少々複雑ですが、これらの各要素の役割を1つずつ理解できれば、どのように機能する層なのかを理解できます。

上記を踏まえて、LSTM層の構造を 図6.5 に示します。

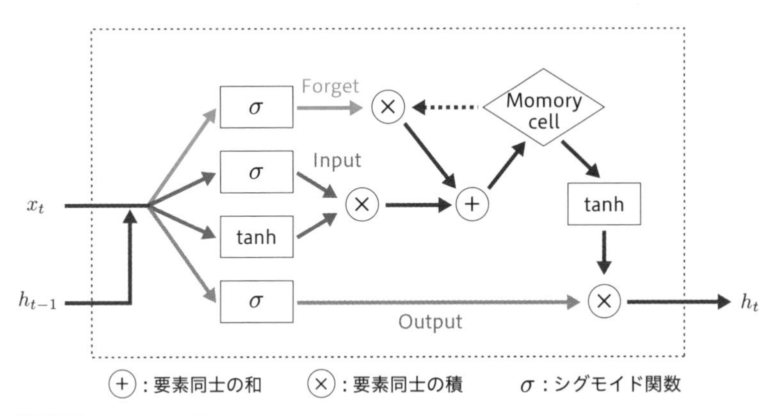

図6.5 LSTM層の構造

図6.5 において、実線は現在のデータの流れを表し、点線は1つ前の時刻のデータの流れを表します。x_tがこの時刻における層への入力で、h_tがこの時刻における出力、h_{t-1}は1つ前の時刻における出力です。丸は要素同士の演算ですが、＋が入っているものは要素同士の和、×が入っているものは要素同士の積を表します。

また、σの記号はシグモイド関数を表します。

菱形が記憶セルで、Outputが出力ゲート、Forgetが忘却ゲート、Inputが入力ゲートです。ゲートではシグモイド関数が使われており、0から1の範囲でデータの流れを調整する言わば“水門”の役割を果たします。それに対して、記憶セルはデータを貯め込む“貯水池”にたとえることができます。これらが機能することにより、LSTM層は長期にわたって記憶を受け継ぐことができます。

次に、LSTMの各構成要素を解説します。

6.3.3 出力ゲート（Output gate）

図6.6に出力ゲートの周辺をハイライトして示します。

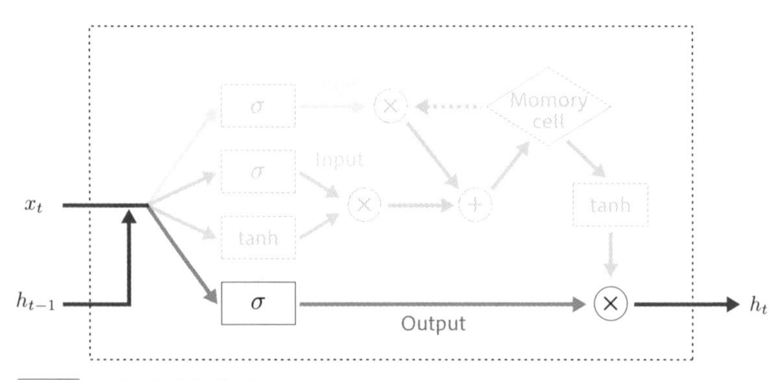

図6.6 LSTMの出力ゲート

出力ゲートでは、入力と前の時刻の出力にそれぞれ重みをかけた上で合流させて、バイアスを加えてシグモイド関数に入れます。そして、出力ゲートを経たデータは、記憶セルから来たデータと要素ごとの積をとります。これにより、出力ゲートは記憶セルの内容をどの程度層の出力に反映するのか、調整する役割を担うことになります。

6.3.4 忘却ゲート（Forget gate）

図6.7 に、忘却ゲートの周辺をハイライトして示します。

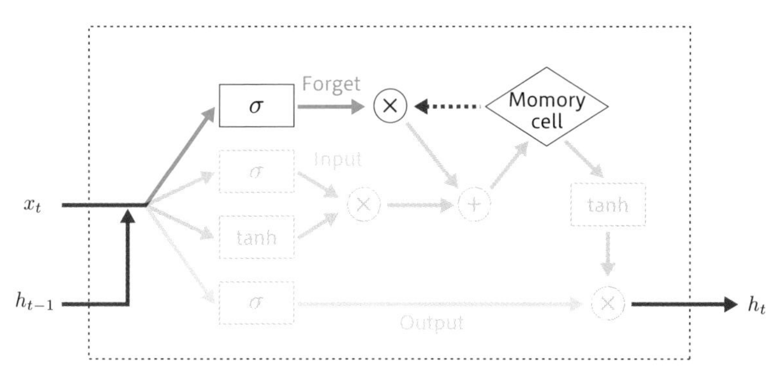

図6.7 LSTMの忘却ゲート

入力と前の時刻の出力にそれぞれ重みをかけた上で合流させて、バイアスを加えてシグモイド関数に入れます。忘却ゲートを経たデータは、記憶セルに保持されている過去の記憶とかけ合わせます。これにより、過去の記憶をどの程度残すのか、このゲートでは調整されることになります。

6.3.5 入力ゲート（Input gate）

図6.8 に、入力ゲートの周辺をハイライトして示します。

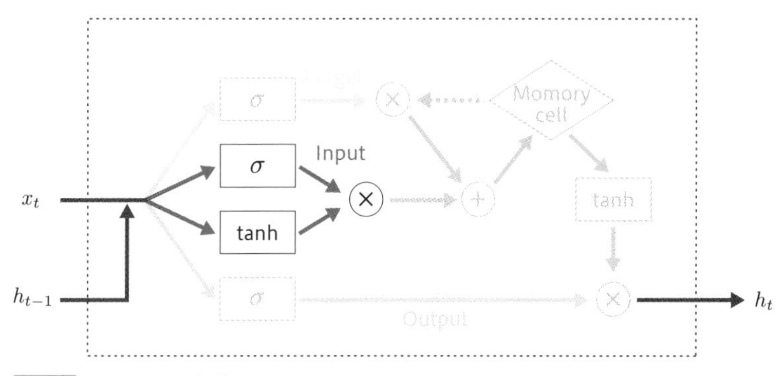

図6.8 LSTMの入力ゲート

入力と前の時刻の出力にそれぞれ重みをかけた上で合流させて、バイアスを加えてシグモイド関数及びtanhに入れます。シグモイド関数とtanhを経たデータはかけ合わされます。これにより、tanhの経路の新しい情報を、シグモイド関数が0から1の範囲で調整していることになります。新しい情報を、どの程度記憶セルに入れるかをこのゲートは調整することになります。

6.3.6 記憶セル（Memory cell）

最後に、記憶セルの周囲の働きを見ていきましょう。図6.9では、記憶セルの周辺がハイライトされています。

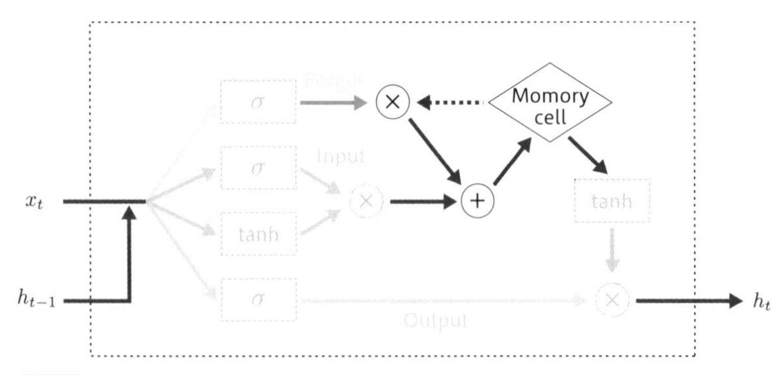

図6.9 LSTMの記憶セル

記憶セルの周囲では、忘却ゲートからの流れと入力ゲートからの流れを足し合わせて、新たな記憶として記憶セルに保持します。これにより、長期記憶が忘却されたり新たに追加されたりしながら保持されることになります。

記憶セルの内容は、出力ゲートの結果と毎回かけ合わされます。

以上の記憶の保持と取捨選択の仕組みにより、LSTMは長期、短期の記憶をともに保持できます。

6.3.7 LSTM層の実装

以下は、PyTorchにおけるLSTM層の実装の例です。

```
import torch.nn as nn

class Net(nn.Module):
    def __init__(self):
        super().__init__()
        ...
        self.rnn = nn.LSTM(  # LSTM層
            input_size=n_in,  # 入力サイズ
            hidden_size=n_mid,  # ニューロン数
            batch_first=True,  ➡
# 入力を（バッチサイズ, 時刻の数, 入力の数）にする
        )
        ...

    def forward(self, x):
        ...
        # y_rnn:全時刻の出力 h:中間層の最終時刻の値 c:記憶セル
        y_rnn, (h, c) = self.rnn(x, None)
        ...
        return y
```

LSTM層nn.LSTM()クラスには、入力数、ニューロン数、入力の形状などを渡します。

以下の箇所では、時系列の入力xをLSTM層に渡しています。

```
        # y_rnn:全時刻の出力 h:中間層の最終時刻の値 c:記憶セル
        y_rnn, (h, c) = self.rnn(x, None)
```

LSTMなので、記憶セルの設定を考慮する必要があります。

xの後にNoneと記述していますが、これにより時間方向の入力の初期値、及び記憶セルの初期値が0に設定されます。

6.4 GRUの概要

RNNの一種、GRU（Gated Recurrent Unit）の概要を解説します。GRUはLSTMに似ていますが、構造がよりシンプルになっています。

6.4.1 GRUとは

GRUはLSTMを改良した仕組みで、LSTMと比べて全体的にシンプルな構造をしています。そのため、パラメータの数が少なくなり計算量が抑えられます。

GRUでは入力ゲートと忘却ゲートが統合され、「更新ゲート（Update gate）」になっています。また、記憶セルと出力ゲートはありませんが、値を0にリセットする「リセットゲート（Reset gate）」が存在します。

図6.10に、GRU層の構造を示します。

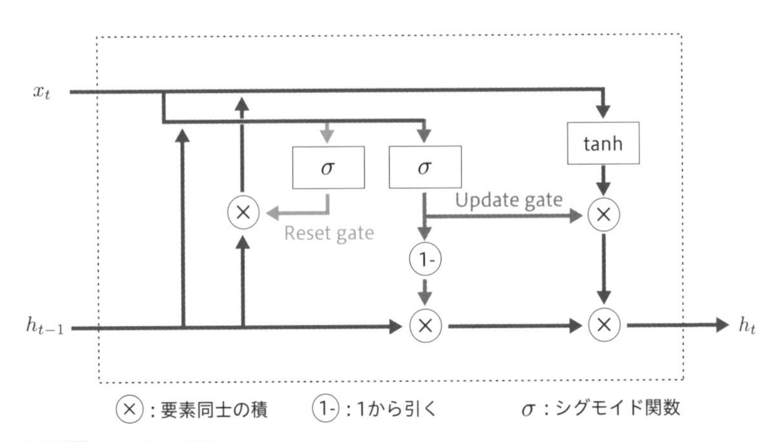

図6.10 GRU層の構造

図6.10において、x_tがこの時刻における層への入力で、h_tがこの時刻における出力です。h_{t-1}は1つ前の時刻における出力です。丸は要素同士の演算ですが、×が入っているものは要素同士の積を、1-が入っているものは1からその値を引くことを意味します。また、σの記号はシグモイド関数を表します。Update gateで表されるのが更新ゲートで、Reset gateで表されるのがリセットゲートです。

全体的に、LSTMと比べてシンプルな構造をしています。記憶セルもありませんし、ゲートの数も少なくなっています。

リセットゲートでは、過去のデータにリセットゲートの値をかけることで、新しいデータと合流する過去のデータの大きさが調整されます。この時刻の新しいデータに過去のデータを幾分か絡ませて、この時刻の記憶としています。

また、更新ゲートの周辺では、過去のデータに更新ゲートの値を1から引いたものをかけています。これにより、過去の記憶をどの程度の割合で引き継ぐかが調整されます。そして、この時刻の記憶には更新ゲートの値をかけています。この時刻の記憶と過去の記憶を、割合を調整し足し合わせることで、この層の出力としています。

これらのゲートが機能することにより、GRU層はLSTMと同様に長期にわたって記憶を受け継ぐことが可能です。

6.4.2 GRU層の実装

以下は、PyTorchにおけるGRU層の実装の例です。

```
import torch.nn as nn

class Net(nn.Module):
    def __init__(self):
        super().__init__()
        ...
        self.rnn = nn.GRU(  # GRU層
            input_size=n_in,  # 入力サイズ
            hidden_size=n_mid,  # ニューロン数
            batch_first=True,  ➡
# 入力を（バッチサイズ, 時刻の数, 入力の数）にする
        )
        ...

    def forward(self, x):
        ...
        # y_rnn:全時刻の出力 h:中間層の最終時刻の値
        y_rnn, h = self.rnn(x, None)
        ...
        return y
```

GRU層nn.GRU()クラスには、入力数、ニューロン数、入力の形状などを渡

します。

以下の箇所では、時系列の入力xをGRU層に渡しています。

```
# y_rnn:全時刻の出力 h:中間層の最終時刻の値
y_rnn, h = self.rnn(x, None)
```

GRUは、LSTMと異なり記憶セルを考慮する必要はありません。

xの後にNoneと記述していますが、これにより最初の時刻に受け取る時間方向の入力値が0に設定されます。

今回はLSTMの改良形としてGRUを紹介しましたが、他にも様々なLSTMを改良したモデルがこれまでに提案されています。

6.5 RNNによる画像生成

画像を時系列データと捉えれば、RNNにより画像を生成することができます。
今回は、画像データを使ってRNNモデルを訓練します。そして、画像の上半分から画像の下半分を生成します。
RNNの層にはLSTMを使用します。
学習に時間がかかるので、「編集」→「ノートブックの設定」の「ハードウェアアクセラレータ」で「GPU」を選択しましょう。

6.5.1 画像を「時系列データ」として捉える

画像はピクセルが並んだ行列と捉えることができます。この行列において、ある行は上下の行の影響を受けるので、画像は時系列データの一種と捉えることができます。

図6.11に、画像の時系列データとしての捉え方を示します。

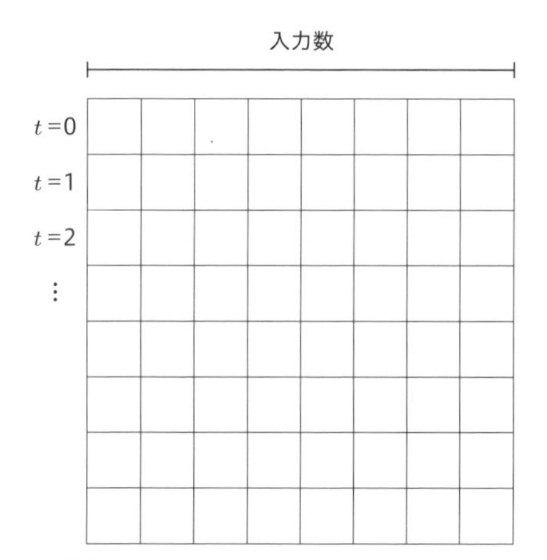

図6.11 画像を時系列データとして捉える

画像の各行は各時刻の入力となり、列数は入力の数になります。

入力を時系列に並んだ複数の行にして、その次の行を正解とすることでRNNのモデルを訓練することができます。

そして、訓練済みのモデルに最初の数行を入力することで、次の行が予測されます。次に、この予測された行を含む最新の数行を入力にして次の行を予測します。これを繰り返すことにより、画像が1行ずつ生成されていきます。原理的には、**6.2節**「シンプルなRNNの実装」で行ったRNNによる曲線の生成と同じです。

6.5.2 Fashion-MNIST

データセット「Fashion-MNIST」を読み込みます。Fashion-MNISTには、10カテゴリー、合計70000枚のファッションアイテム画像が含まれています。そのうちの60000枚が訓練データで、10000枚がテストデータです。画像はグレースケールで、サイズは28×28ピクセルです。

今回は、このFashion-MNISTの画像の上半分から、下半分を生成します。

リスト6.6のコードは、Fashion-MNISTを読み込んで、25枚の画像をサンプルとして表示します。

リスト6.6 Fashion-MNISTの画像を表示

In

```
from torchvision.datasets import FashionMNIST
import torchvision.transforms as transforms
from torch.utils.data import DataLoader
import matplotlib.pyplot as plt

fmnist_data = FashionMNIST(root="./data",
                            train=True,download=True,
                            transform=➡
transforms.ToTensor())
fmnist_classes = ["T-shirt/top", "Trouser", ➡
"Pullover", "Dress", "Coat",
                  "Sandal", "Shirt", "Sneaker", ➡
"Bag", "Ankle boot"]
print("データの数:", len(fmnist_data))

n_image = 25  # 表示する画像の数
fmnist_loader = DataLoader(fmnist_data, ➡
batch_size=n_image, shuffle=True)
dataiter = iter(fmnist_loader)  # イテレータ
images, labels = dataiter.next()  # 最初のバッチを取り出す
```

```
img_size = 28
plt.figure(figsize=(10,10))  # 画像の表示サイズ
for i in range(n_image):
    ax = plt.subplot(5,5,i+1)
    ax.imshow(images[i].view(img_size, img_size), ➡
cmap="Greys_r")
    label = fmnist_classes[labels[i]]
    ax.set_title(label)
    ax.get_xaxis().set_visible(False)  # 軸を非表示に
    ax.get_yaxis().set_visible(False)

plt.show()
```

Out

```
Downloading http://fashion-mnist.s3-website.➡
eu-central-1.amazonaws.com/train-images-idx3-ubyte.gz
Downloading http://fashion-mnist.s3-website.➡
eu-central-1.amazonaws.com/train-images-idx3-ubyte.gz ➡
to ./data/FashionMNIST/raw/train-images-idx3-ubyte.gz

Extracting ./data/FashionMNIST/raw/➡
train-images-idx3-ubyte.gz to ./data/FashionMNIST/raw

Downloading http://fashion-mnist.s3-website.➡
eu-central-1.amazonaws.com/train-labels-idx1-ubyte.gz
Downloading http://fashion-mnist.s3-website.➡
eu-central-1.amazonaws.com/train-labels-idx1-ubyte.gz ➡
to ./data/FashionMNIST/raw/train-labels-idx1-ubyte.gz

Extracting ./data/FashionMNIST/raw/➡
train-labels-idx1-ubyte.gz to ./data/FashionMNIST/raw

Downloading http://fashion-mnist.s3-website.➡
eu-central-1.amazonaws.com/t10k-images-idx3-ubyte.gz
Downloading http://fashion-mnist.s3-website.➡
eu-central-1.amazonaws.com/t10k-images-idx3-ubyte.gz to ➡
./data/FashionMNIST/raw/t10k-images-idx3-ubyte.gz

Extracting ./data/FashionMNIST/raw/➡
t10k-images-idx3-ubyte.gz to ./data/FashionMNIST/raw
```

```
Downloading http://fashion-mnist.s3-website.➡
eu-central-1.amazonaws.com/t10k-labels-idx1-ubyte.gz
Downloading http://fashion-mnist.s3-website.➡
eu-central-1.amazonaws.com/t10k-labels-idx1-ubyte.gz to ➡
./data/FashionMNIST/raw/t10k-labels-idx1-ubyte.gz

Extracting ./data/FashionMNIST/raw/➡
t10k-labels-idx1-ubyte.gz to ./data/FashionMNIST/raw

データの数: 60000
```

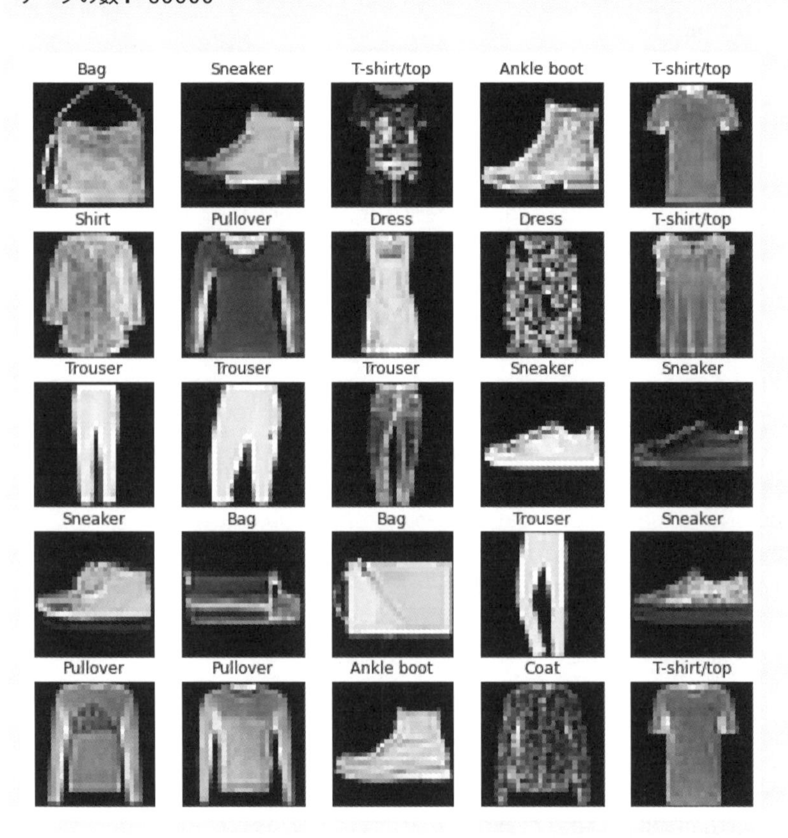

6.5.3 データの前処理

画像データをRNNに適した形に整えます（リスト6.7）。

画像を時系列データに変換しますが、正解は時系列の次の行にします。訓練用の画像データtrain_imgsから何行か取り出して入力input_dataに置いて、次の行は正解correct_dataに置きます。

今回は28×28ピクセルの画像を使用するのですが、時刻の数n_timeを14とします。これにより、画像の上半分の14行は最初の入力、すなわちシードとなり、下半分の14行は1行ずつ予測されることになります。

リスト6.7 データの前処理

In

```
import torch
from torch.utils.data import TensorDataset

n_time = 14  # 時刻の数
n_in = img_size  # 入力層のニューロン数
n_mid = 256  # 中間層のニューロン数
n_out = img_size  # 出力層のニューロン数
n_sample_in_img = img_size-n_time  # 1枚の画像中のサンプル数

dataloader = DataLoader(fmnist_data, ➡
batch_size=len(fmnist_data), shuffle=False)
dataiter = iter(dataloader)  # イテレータ
train_imgs, labels = dataiter.next()  # データを取り出す
train_imgs = train_imgs.view(-1, img_size, img_size)

n_sample = len(train_imgs) * n_sample_in_img  # サンプル数

input_data = torch.zeros((n_sample, n_time, n_in))  # 入力
correct_data = torch.zeros((n_sample, n_out))  # 正解
for i in range(len(train_imgs)):
    for j in range(n_sample_in_img):
        sample_id = i*n_sample_in_img + j
        input_data[sample_id] = train_imgs[i, j:j+n_time]
        correct_data[sample_id] = train_imgs[i, j+n_time]

dataset = TensorDataset(input_data, correct_data)  ➡
# データセットの作成
```

```
train_loader = DataLoader(dataset, batch_size=128, ➡
shuffle=True)  # DataLoaderの設定
```

6.5.4 テスト用のデータ

今回は、テスト用のデータを画像生成の検証に使用します（リスト6.8）。

リスト6.8 テスト用データの設定

In

```
n_disp = 10  # 生成し表示する画像の数

disp_data = FashionMNIST(root="./data",
                            train=False,download=True,
                            transform=➡
transforms.ToTensor())
disp_loader = DataLoader(disp_data, batch_size=n_disp, ➡
shuffle=False)
dataiter = iter(disp_loader)  # イテレータ
disp_imgs, labels = dataiter.next()  # データを取り出す
disp_imgs = disp_imgs.view(-1, img_size, img_size)
```

6.5.5 モデルの構築

nn.Module()クラスを継承したクラスとして、RNNモデルを構築します（リスト6.9）。

LSTM層はnn.LSTM()クラスにより実装することができます。

リスト6.9 RNNモデルの構築

In

```
import torch.nn as nn

class Net(nn.Module):
    def __init__(self):
        super().__init__()
        self.rnn = nn.LSTM(  # LSTM層
            input_size=n_in,  # 入力サイズ
```

```
            hidden_size=n_mid,  # ニューロン数
            batch_first=True,  ➡
# 入力を (バッチサイズ, 時刻の数, 入力の数) にする
        )
        self.fc = nn.Linear(n_mid, n_out)  # 全結合層

    def forward(self, x):
        # y_rnn:全時刻の出力 h:中間層の最終時刻の値 c:記憶セル
        y_rnn, (h, c) = self.rnn(x, None)
        y = self.fc(y_rnn[:, -1, :])  # yは最後の時刻の出力
        return y

net = Net()
net.cuda()  # GPU対応
print(net)
```

Out

```
Net(
  (rnn): LSTM(28, 256, batch_first=True)
  (fc): Linear(in_features=256, out_features=28, ➡
bias=True)
)
```

6.5.6　画像生成用の関数

リスト6.10の関数は、オリジナルの画像disp_imgsと、この画像の上半分をもとに下半分を生成したgen_imgsを並べて表示します。disp_imgsは、訓練データに含まれない画像です。

最初は画像の上半分をシードにして新たな行を生成しますが、次はその新たな行を含む直近の時系列からさらに次の行を生成します。これを繰り返すことで、下半分の画像が生成されます。

リスト6.10 画像生成用の関数

In

```
def generate_images():
    # オリジナルの画像
    print("Original:")
    plt.figure(figsize=(20, 2))
    for i in range(n_disp):
        ax = plt.subplot(1, n_disp, i+1)
        ax.imshow(disp_imgs[i], cmap="Greys_r", ➡
vmin=0.0, vmax=1.0)
        ax.get_xaxis().set_visible(False)  # 軸を非表示に
        ax.get_yaxis().set_visible(False)
    plt.show()

    # 下半分をRNNにより生成した画像
    print("Generated:")
    net.eval()  # 評価モード
    gen_imgs = disp_imgs.clone()
    plt.figure(figsize=(20, 2))
    for i in range(n_disp):
        for j in range(n_sample_in_img):
            x = gen_imgs[i, j:j+n_time].view(1, ➡
n_time, img_size)
            x = x.cuda()  # GPU対応
            gen_imgs[i, j+n_time] = net(x)[0]
        ax = plt.subplot(1, n_disp, i+1)
        ax.imshow(gen_imgs[i].detach(), ➡
cmap="Greys_r", vmin=0.0, vmax=1.0)
        ax.get_xaxis().set_visible(False)  # 軸を非表示に
        ax.get_yaxis().set_visible(False)
    plt.show()
```

6.5.7 学習

RNNモデルを訓練します（リスト6.11）。
DataLoaderを使い、ミニバッチを取り出して訓練及び評価を行います。
一定のエポック間隔で、誤差の表示と画像の生成が行われます。

リスト6.11 RNNモデルの訓練と画像生成

In

```
from torch import optim

# 平均二乗誤差
loss_fnc = nn.MSELoss()

# 最適化アルゴリズム
optimizer = optim.Adam(net.parameters())

# 損失のログ
record_loss_train = []

# 学習
epochs = 30  # エポック数
for i in range(epochs):
    net.train()  # 訓練モード
    loss_train = 0
    for j, (x, t) in enumerate(train_loader):  ➡
# ミニバッチ（x, t）を取り出す
        x, t = x.cuda(), t.cuda()  # GPU対応
        y = net(x)
        loss = loss_fnc(y, t)
        loss_train += loss.item()
        optimizer.zero_grad()
        loss.backward()
        optimizer.step()
    loss_train /= j+1
    record_loss_train.append(loss_train)

    if i%5==0 or i==epochs-1:
        print("Epoch:", i, "Loss_Train:", loss_train)
        generate_images()
```

Out

```
Epoch: 0 Loss_Train: 0.01747770968931905
Original:
```

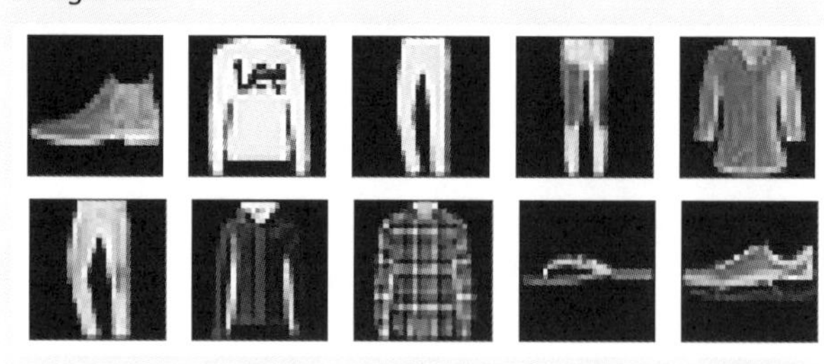

```
Generated:
```

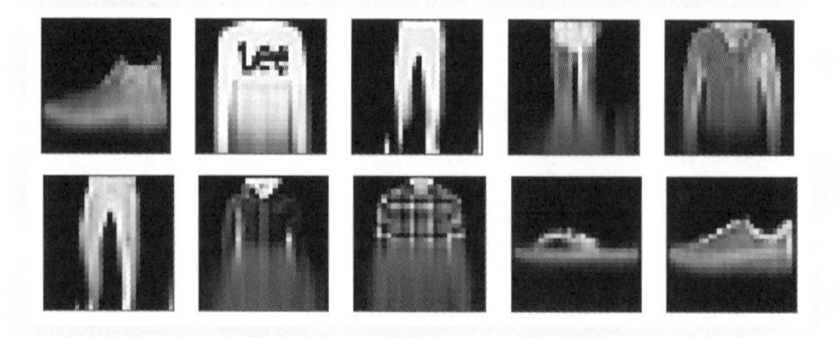

```
Epoch: 5 Loss_Train: 0.011168544424200238
Original:
```

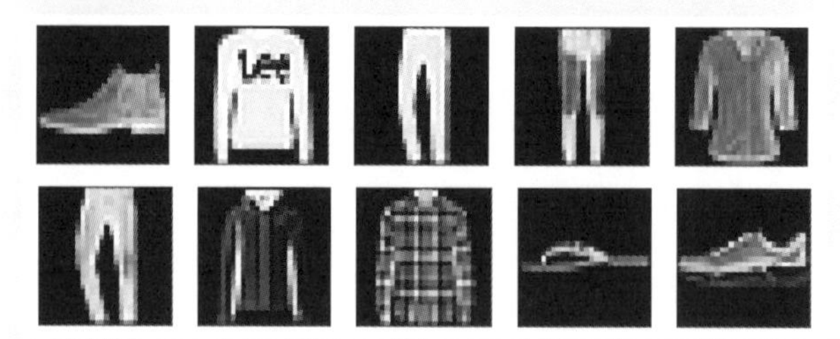

```
Generated:
```

```
Epoch: 10 Loss_Train: 0.010218501423132091
Original:
```

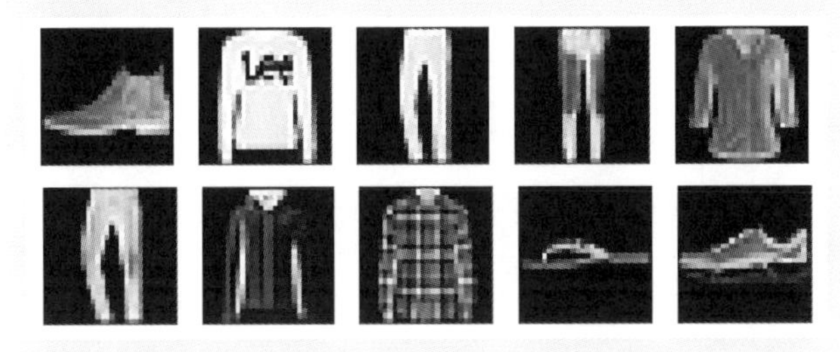

```
Generated:
```

```
Epoch: 15 Loss_Train: 0.00962955365815977
Original:
```

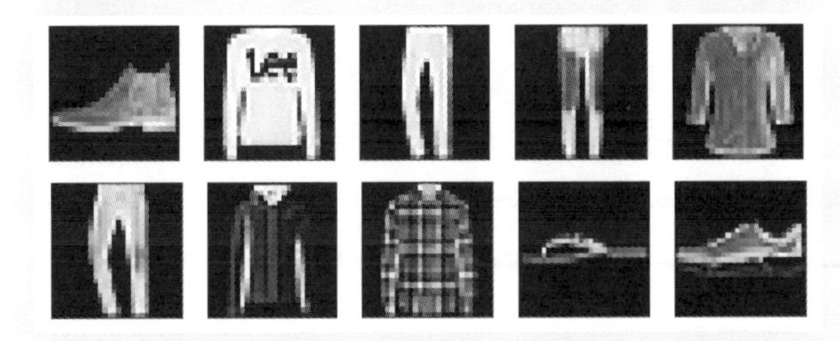

```
Generated:
```

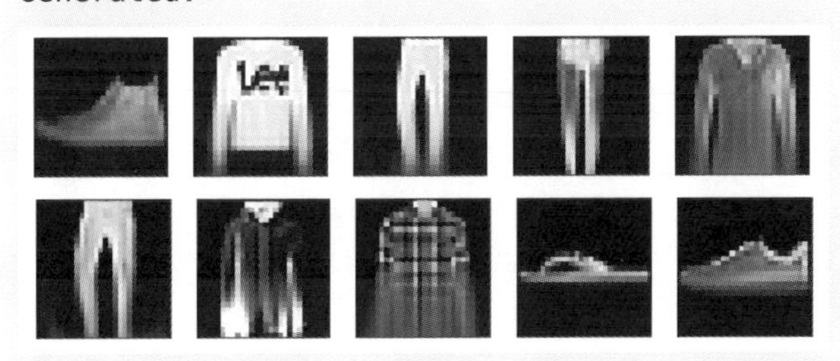

```
Epoch: 20 Loss_Train: 0.009218866646170058
Original:
```

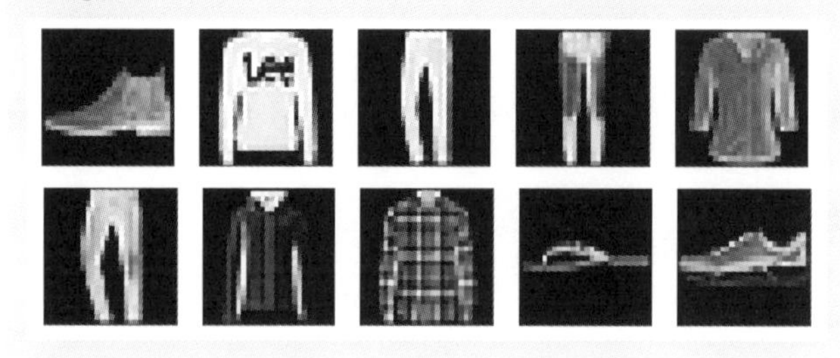

```
Generated:
```

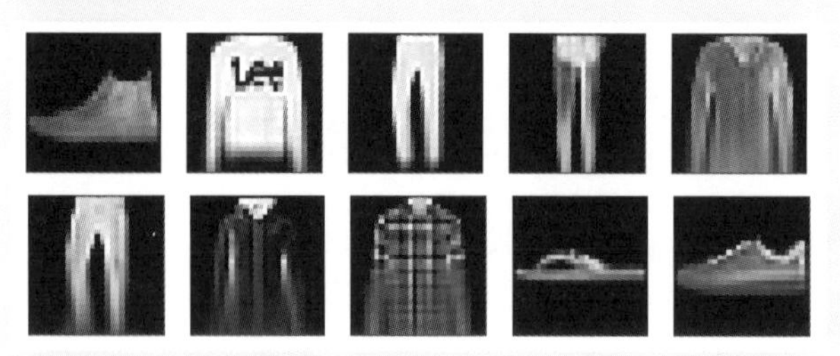

```
Epoch: 25 Loss_Train: 0.00891314159809712
Original:
```

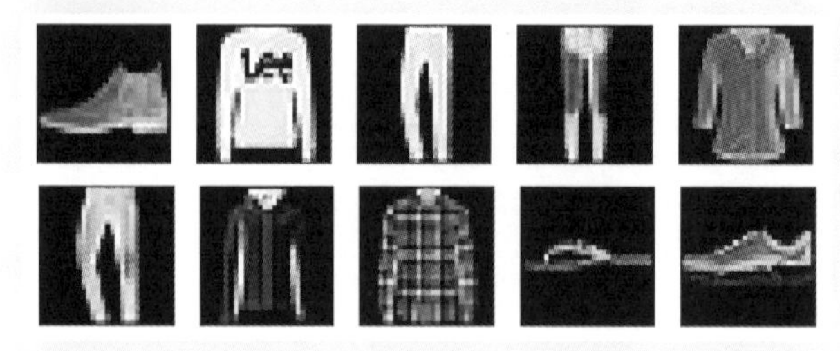

```
Generated:
```

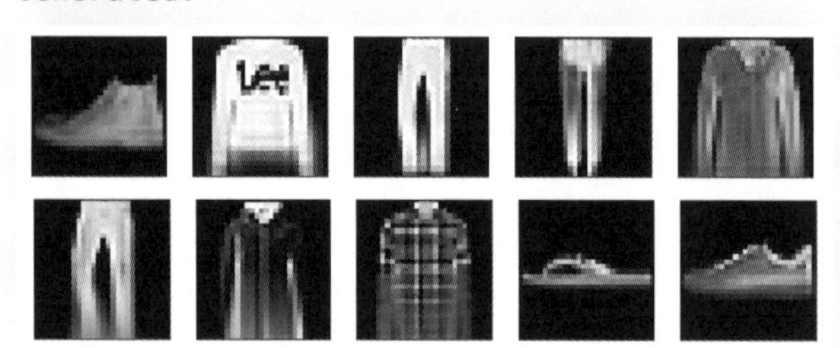

```
Epoch: 29 Loss_Train: 0.008725141249804254
Original:
```

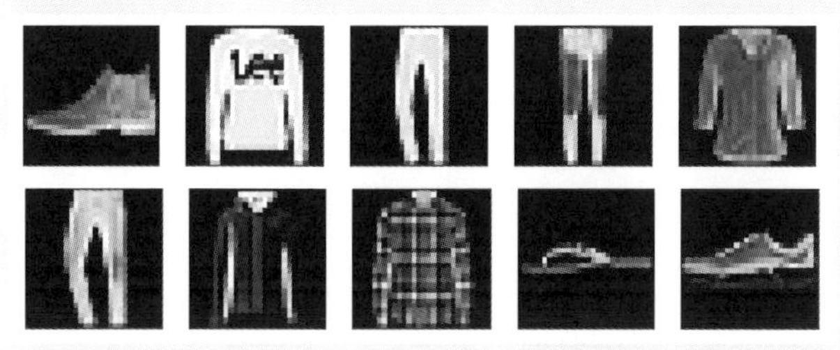

```
Generated:
```

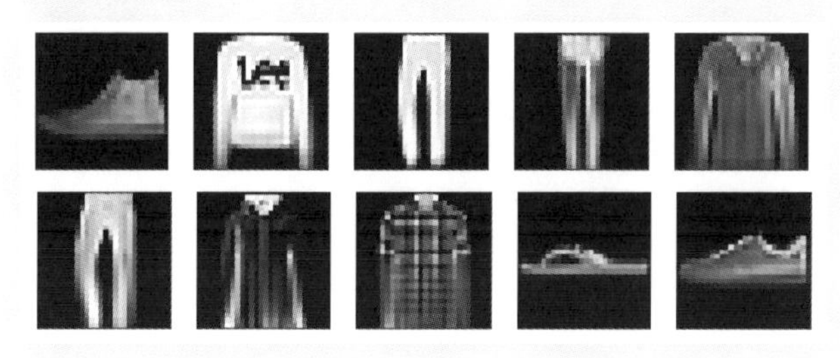

学習の初期段階では、生成された画像の下半分はぼやけています。しかしながら、学習の進行とともに少しずつ生成された下半分の画像が鮮明になっていきます。必ずしもオリジナルの通りになるわけではないですが、シードから考えてある程度妥当な画像が生成されています。

6.5.8 誤差の推移

訓練データの誤差の推移をグラフ表示します（リスト6.12）。今回はテストデータは使用していません。

リスト6.12 誤差の推移

In

```
plt.plot(range(len(record_loss_train)), ➡
record_loss_train, label="Train")
plt.legend()

plt.xlabel("Epochs")
plt.ylabel("Error")
plt.show()
```

Out

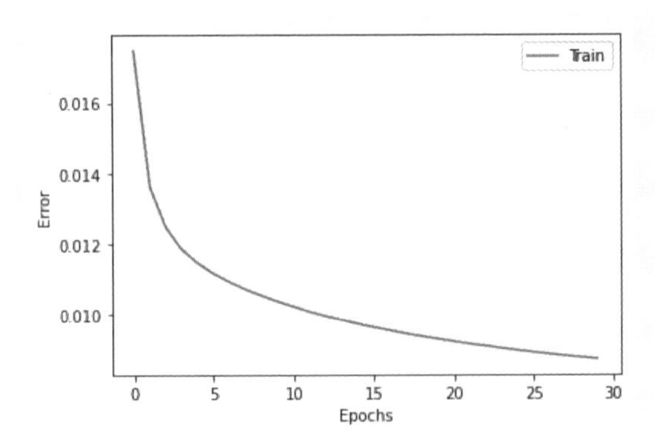

滑らかに誤差が減少した様子を確認できます。

今回はRNNによる画像生成を扱いましたが、同じような方法で文章や楽曲などの生成も行うことができます。

6.6 演習

Chapter6の演習は、RNN実装の練習です。RNNの層に、LSTMの代わりにGRUを使用したモデルのコードを書いてみましょう。GRUについては、**6.4節「GRUの概要」**で解説しました。
コードが書けたら、実行して問題なく動作することを確認しましょう。

6.6.1 データの前処理

「Fashion-MNIST」の画像データを、RNNに適した形に整えます（リスト6.13）。

リスト6.13 データの前処理

In

```
import torch
from torchvision.datasets import FashionMNIST
import torchvision.transforms as transforms
from torch.utils.data import TensorDataset, DataLoader
import matplotlib.pyplot as plt

img_size = 28
n_time = 14  # 時刻の数
n_in = img_size  # 入力層のニューロン数
n_mid = 256  # 中間層のニューロン数
n_out = img_size  # 出力層のニューロン数
n_sample_in_img = img_size-n_time  # 1枚の画像中のサンプル数

fmnist_data = FashionMNIST(root="./data",
                           train=True,download=True,
                           transform=➡
transforms.ToTensor())
fmnist_classes = ["T-shirt/top", "Trouser", ➡
"Pullover", "Dress", "Coat",
                  "Sandal", "Shirt", "Sneaker", ➡
"Bag", "Ankle boot"]

dataloader = DataLoader(fmnist_data, ➡
```

```
batch_size=len(fmnist_data), shuffle=False)
dataiter = iter(dataloader)  # イテレータ
train_imgs, labels = dataiter.next()  # データを取り出す
train_imgs = train_imgs.view(-1, img_size, img_size)

n_sample = len(train_imgs) * n_sample_in_img  # サンプル数

input_data = torch.zeros((n_sample, n_time, n_in))  # 入力
correct_data = torch.zeros((n_sample, n_out))  # 正解
for i in range(len(train_imgs)):
    for j in range(n_sample_in_img):
        sample_id = i*n_sample_in_img + j
        input_data[sample_id] = train_imgs[i, j:j+n_time]
        correct_data[sample_id] = train_imgs[i, j+n_time]

dataset = TensorDataset(input_data, correct_data) ➡
# データセットの作成
train_loader = DataLoader(dataset, batch_size=128, ➡
shuffle=True)  # DataLoaderの設定
```

6.6.2 テスト用のデータ

テスト用のデータを設定します（リスト6.14）。

リスト6.14 テスト用データの設定

In

```
n_disp = 10  # 生成し表示する画像の数

disp_data = FashionMNIST(root="./data",
                         train=False,download=True,
                         transform=➡
transforms.ToTensor())
disp_loader = DataLoader(disp_data, ➡
batch_size=n_disp, shuffle=False)
dataiter = iter(disp_loader)  # イテレータ
disp_imgs, labels = dataiter.next()  # データを取り出す
disp_imgs = disp_imgs.view(-1, img_size, img_size)
```

6.6.3　モデルの構築

Net()クラスの内部にコードを記述し、GRUを使ったRNNのモデルを構築しましょう。

リスト6.15の指定の部分にコードを追記してください。

リスト6.15　RNNモデルの構築

In

```
import torch.nn as nn

class Net(nn.Module):
    # ------- 以下にコードを書く -------



    # ------- ここまで -------

net = Net()
net.cuda()  # GPU対応
print(net)
```

6.6.4 画像生成用の関数

画像生成用の関数を追加します（リスト6.16）。

リスト6.16 画像生成用の関数

In

```
def generate_images():
    # オリジナルの画像
    print("Original:")
    plt.figure(figsize=(20, 2))
    for i in range(n_disp):
        ax = plt.subplot(1, n_disp, i+1)
        ax.imshow(disp_imgs[i], cmap="Greys_r", ➡
vmin=0.0, vmax=1.0)
        ax.get_xaxis().set_visible(False)  # 軸を非表示に
        ax.get_yaxis().set_visible(False)
    plt.show()

    # 下半分をRNNにより生成した画像
    print("Generated:")
    net.eval()  # 評価モード
    gen_imgs = disp_imgs.clone()
    plt.figure(figsize=(20, 2))
    for i in range(n_disp):
        for j in range(n_sample_in_img):
            x = gen_imgs[i, j:j+n_time].view(1, n_time, ➡
img_size)
            x = x.cuda()  # GPU対応
            gen_imgs[i, j+n_time] = net(x)[0]
        ax = plt.subplot(1, n_disp, i+1)
        ax.imshow(gen_imgs[i].detach(), ➡
cmap="Greys_r", vmin=0.0, vmax=1.0)
        ax.get_xaxis().set_visible(False)  # 軸を非表示に
        ax.get_yaxis().set_visible(False)
    plt.show()
```

6.6.5 学習

RNNモデルの訓練と画像生成を行います（リスト6.17）。

リスト6.17 RNNモデルの訓練と画像生成

In

```
from torch import optim

# 平均二乗誤差
loss_fnc = nn.MSELoss()

# 最適化アルゴリズム
optimizer = optim.Adam(net.parameters())

# 損失のログ
record_loss_train = []

# 学習
epochs = 50  # エポック数
for i in range(epochs):
    net.train()  # 訓練モード
    loss_train = 0
    for j, (x, t) in enumerate(train_loader):  ➡
# ミニバッチ（x, t）を取り出す
        x, t = x.cuda(), t.cuda()  # GPU対応
        y = net(x)
        loss = loss_fnc(y, t)
        loss_train += loss.item()
        optimizer.zero_grad()
        loss.backward()
        optimizer.step()
    loss_train /= j+1
    record_loss_train.append(loss_train)

    if i%5==0 or i==epochs-1:
        print("Epoch:", i, "Loss_Train:", loss_train)
        generate_images()
```

6.6.6　誤差の推移

誤差の推移を確認します（リスト6.18）。

リスト6.18　誤差の推移

In

```
plt.plot(range(len(record_loss_train)), ➡
record_loss_train, label="Train")
plt.legend()

plt.xlabel("Epochs")
plt.ylabel("Error")
plt.show()
```

6.6.7　解答例

リスト6.19は解答例です。

リスト6.19　解答例：モデルの構築

In

```
import torch.nn as nn

class Net(nn.Module):
    # ------- 以下にコードを書く -------
    def __init__(self):
        super().__init__()
        self.rnn = nn.GRU(  # GRU層
            input_size=n_in,  # 入力サイズ
            hidden_size=n_mid,  # ニューロン数
            batch_first=True,  ➡
# 入力を（バッチサイズ, 時系列の数, 入力の数）にする
        )
        self.fc = nn.Linear(n_mid, n_out)  # 全結合層

    def forward(self, x):
        # y_rnn:全時刻の出力 h:中間層の最終時刻の値
        y_rnn, h = self.rnn(x, None)
        y = self.fc(y_rnn[:, -1, :])  # yは最後の時刻の出力
```

```
        return y
    # ------- ここまで -------

net = Net()
net.cuda()  # GPU対応
print(net)
```

6.7 まとめ

Chapter6で学んだことについてまとめます。

本チャプターでは、RNNの概要の解説とシンプルなRNNの実装から始まりした。RNNのモデルをノイズ付きサインカーブの次の値を予測するように訓練したのですが、訓練が進むとともに次第にデータの本質を捉えた曲線が生成されるようになりました。

そして、記憶セルやゲートなどの複雑な構造を内部に持つLSTM、LSTMをよりシンプルにしたGRUを解説し、LSTM層を実装したモデルで画像の生成を行いました。画像の次の行を予測するようにRNNのモデルを訓練した結果、ある程度的確な画像が生成されるようになりました。

ある意味、RNNは「未来予測」を行う技術と考えることができます。応用範囲が広いので、ぜひどんな形で活用できるのか考えてみてください。

Chapter 7

AIアプリの構築と公開

このチャプターでは、AIを搭載したWebアプリを構築し、公開する方法を学びます。これまでに学んできたPyTorchの技術を使って画像認識モデルを構築、訓練し、Webアプリに組み込みましょう。
本チャプターには以下の内容が含まれます。

- Streamlitによる AI アプリ開発の概要
- モデルの構築と訓練
- 画像認識アプリの構築
- アプリのデプロイ
- 演習

今回はStreamlitというフレームワークを使いますが、最初にその概要を解説します。次に、画像を識別するCNNのモデルを訓練した上で、このモデルとStreamlitを使って画像認識アプリを構築します。そして、構築したアプリをWeb上に公開します。アプリを公開するためにはサーバーが必要ですが、本チャプターでは、Streamlit Cloudというクラウドサービスを利用します。
このチャプターも最後に演習がありますが、ここでは別の訓練データを使って人工知能Webアプリの開発を行っていただきます。
なお、バージョンや環境ごとの違いを詳細に記述するのは難しいので、環境設定に関してはある程度ご自身で調べることも必要になります。ご承知おきください。また、アプリの公開による影響に関しては、著者や出版社は責任を持ちません。公開は自己責任でお願いいたします。
また、Webアプリのソースコードはオープンソース前提で進めていきます。GitHubにソースコードが公開される点にご注意ください。
モデルの構築と訓練、Webアプリの構築と公開という流れを押さえれば、自分でオリジナルのAIアプリを開発できるようになります。これらのプロセスに、慣れていきましょう。

7.1 StreamlitによるAIアプリ開発の概要

本チャプターでは、本書でこれまでに学んできた技術を使ってモデルを訓練し、訓練済みのモデルを使った人工知能Webアプリを構築します。構築したアプリはクラウド上にアップロードし、誰でも利用できるように公開します。
まずは、Streamlitを使ったAIアプリ開発の概要を解説します。

7.1.1 Streamlitとは

StreamlitはStreamlit社が開発したWebアプリのフレームワークで、データ分析や機械学習のコードを取り込んだWebアプリを簡単に構築、公開することができます（図7.1）。

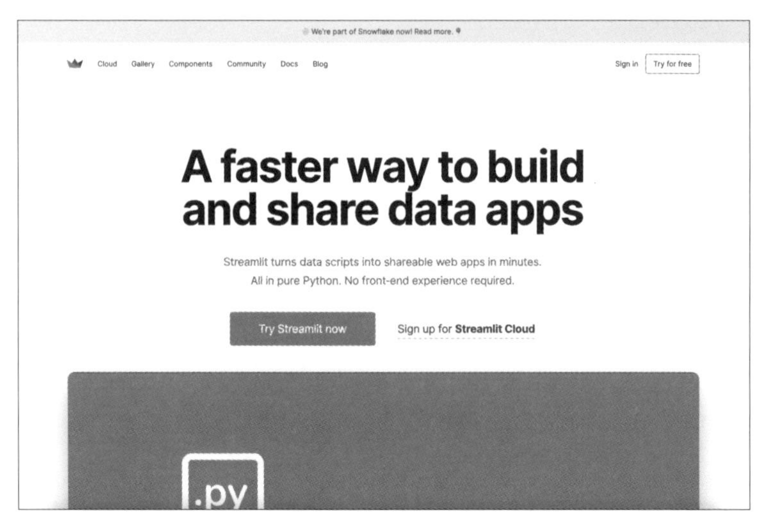

図7.1 StreamlitのWebサイト

- **Streamlitのサイト**
  URL https://streamlit.io/

Streamlitにより、データ分析結果を簡単にWebページ上に表示することができます。例えばPandasのDataFrameを表として表示したり、matplotlibなどで作成したグラフを埋め込むことなどが可能です。簡潔かつ使いやすいUIが実装可能で、様々なタイプのアプリに対応できます。

手軽な分、複雑なアプリの開発は難しいのですが、AIモデルのデモを行ったり、データ分析の結果を手軽にメンバーとシェアしたい時にとても便利です。

また、Streamlit Cloudというサービスを使えば、GitHub経由で構築したAIアプリを簡単に公開することができます。記述するのはPythonのコードのみでよく、HTMLなどの他の言語のコードを書く必要はありません。

これらの理由によりアプリを公開するコストが大きく抑えられるため、Streamlitは現在人気が急上昇中です。

なお、Streamlit Cloudには有料プランもありますが、無料プランもあるので気軽に始めることができます。

実際にどのようなアプリが開発できるのか興味のある方は、公式サイトのギャラリーを訪れてみてはいかがでしょうか（図7.2）。

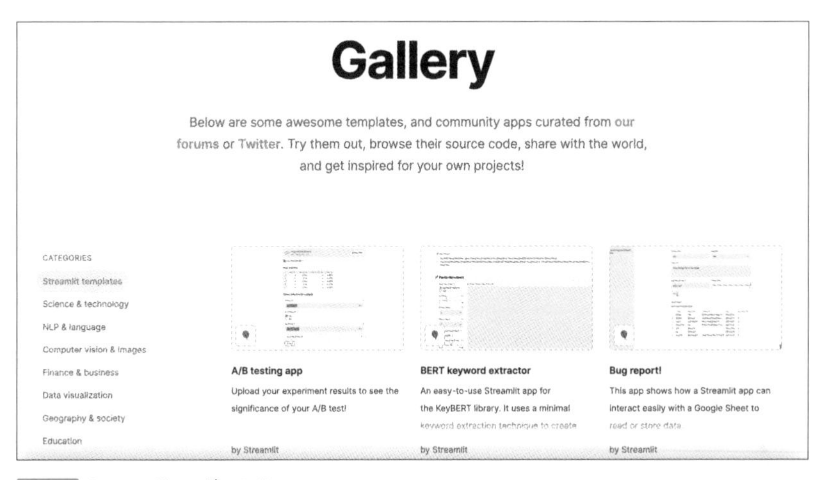

図7.2 Streamlitのギャラリー

● **Gallery**

URL https://streamlit.io/gallery

BERTによる自然言語処理アプリや、GANによる顔画像生成アプリ、地図を使ったアプリなどで様々なタイプのAIアプリが紹介されています。

7.1.2 StreamlitによるAIアプリ開発

図7.3 は、本チャプターを通して構築する、「ファッションアイテム」を識別する人工知能Webアプリのイメージです。

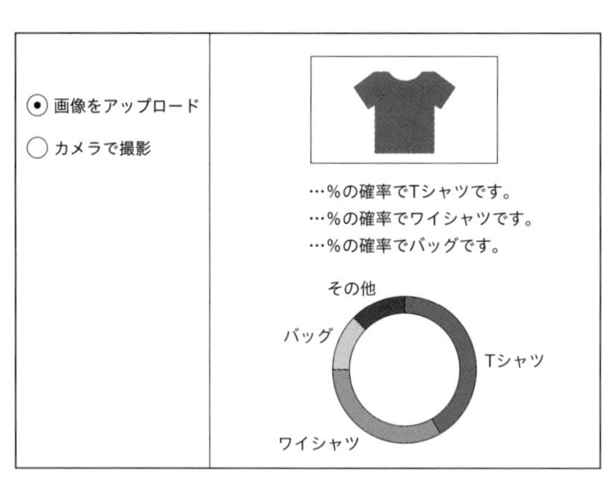

図7.3 構築する人工知能Webアプリのイメージ

ファッションアイテムの画像はローカルからアップロードするか、カメラを起動して撮影することにより取り込みます。次に、この画像を入力として訓練済みのモデルにより予測が行われます。予測結果は、画面上に文章及び円グラフとして表示されます。

このアプリにはURLが発行されるので、誰でも訪れて使うことができます。

本チャプターでは、以下の流れでこのAIアプリを構築し、公開します。

1. CNNモデルの訓練
2. StreamlitによるWebアプリの構築
3. GitHub経由でStreamlit Cloud上にアプリをデプロイする

まずはPyTorchでCNNモデルを構築し、ファッションアイテムの画像を訓練データとして使用しモデルを訓練します。

そして、訓練済みのモデルを使用するWebアプリをフレームワークStreamlitを使って構築します。

構築したアプリは、GitHubのリポジトリにアップロードし、Streamlit Cloudと連携の上クラウド上に公開します。この時URLが発行されるので、シェアすることで多くの人にアプリを使ってもらうことが可能になります。

それでは、モデルの訓練から始めていきましょう。

7.2 モデルの構築と訓練

Google Colaboratoryで画像識別用のモデルを構築し、訓練します。今回は、Fashion-MNISTを訓練データに使い、ファッションアイテムを識別可能できるようにモデルを訓練します。訓練済みのモデルは保存し、ダウンロードします。学習に時間がかかるので、「編集」→「ノートブックの設定」の「ハードウェアアクセラレータ」で「GPU」を選択しましょう。

7.2.1 訓練データの読み込みとDataLoaderの設定

訓練データとして、**6.5節**「RNNによる画像生成」で解説したデータセット「Fashion-MNIST」を読み込みます。Fashion-MNISTには、10カテゴリー、合計70000枚のファッションアイテム画像が含まれています。画像はグレースケールで、サイズは28×28ピクセルです（リスト7.1）。

また、DataLoaderをデータ拡張とともに設定します。今回は、背景の明るさの変動に対して頑強になるように、色の反転も行います。

リスト7.1 訓練データの読み込みとDataLoaderの設定

In

```
from torchvision.datasets import FashionMNIST
import torchvision.transforms as transforms
from torch.utils.data import DataLoader

affine = transforms.RandomAffine((-30, 30),  # 回転
                                 scale=(0.8, 1.2),  ➡
# 拡大縮小
                                 translate=(0.5, 0.5))  ➡
# 移動
flip = transforms.RandomHorizontalFlip(p=0.5)  # 左右反転
invert = transforms.RandomInvert(p=0.5)  # 色の反転
to_tensor = transforms.ToTensor()
normalize = transforms.Normalize((0.0), (1.0))  ➡
# 平均値を0、標準偏差を1に
erase = transforms.RandomErasing(p=0.5)  # 一部を消去
```

```
transform_train = transforms.Compose([affine, flip, ➡
invert, to_tensor, normalize, erase])
transform_test = transforms.Compose([to_tensor, ➡
normalize])
fashion_train = FashionMNIST("./data", train=True, ➡
download=True, transform=transform_train)
fashion_test = FashionMNIST("./data", train=False, ➡
download=True, transform=transform_test)

# DataLoaderの設定
batch_size = 64
train_loader = DataLoader(fashion_train, ➡
batch_size=batch_size, shuffle=True)
test_loader = DataLoader(fashion_test, ➡
batch_size=batch_size, shuffle=False)
```

Out

```
Downloading http://fashion-mnist.s3-website.➡
eu-central-1.amazonaws.com/train-images-idx3-ubyte.gz
Downloading http://fashion-mnist.s3-website.➡
eu-central-1.amazonaws.com/train-images-idx3-ubyte.gz ➡
to ./data/FashionMNIST/raw/train-images-idx3-ubyte.gz

Extracting ./data/FashionMNIST/raw/➡
train-images-idx3-ubyte.gz to ./data/FashionMNIST/raw

Downloading http://fashion-mnist.s3-website.➡
eu-central-1.amazonaws.com/train-labels-idx1-ubyte.gz
Downloading http://fashion-mnist.s3-website.➡
eu-central-1.amazonaws.com/train-labels-idx1-ubyte.gz ➡
to ./data/FashionMNIST/raw/train-labels-idx1-ubyte.gz

Extracting ./data/FashionMNIST/raw/➡
train-labels-idx1-ubyte.gz to ./data/FashionMNIST/raw

Downloading http://fashion-mnist.s3-website.➡
eu-central-1.amazonaws.com/t10k-images-idx3-ubyte.gz
Downloading http://fashion-mnist.s3-website.➡
eu-central-1.amazonaws.com/t10k-images-idx3-ubyte.gz to ➡
./data/FashionMNIST/raw/t10k-images-idx3-ubyte.gz
```

```
Extracting ./data/FashionMNIST/raw/➡
t10k-images-idx3-ubyte.gz to ./data/FashionMNIST/raw

Downloading http://fashion-mnist.s3-website.➡
eu-central-1.amazonaws.com/t10k-labels-idx1-ubyte.gz
Downloading http://fashion-mnist.s3-website.➡
eu-central-1.amazonaws.com/t10k-labels-idx1-ubyte.gz to ➡
./data/FashionMNIST/raw/t10k-labels-idx1-ubyte.gz

Extracting ./data/FashionMNIST/raw/➡
t10k-labels-idx1-ubyte.gz to ./data/FashionMNIST/raw
```

なお、Fashion-MNISTのオリジナルのデータは、MITライセンスです。MITライセンスは、ライセンスの表記が必要ですが比較的自由に使うことができます。訓練データをサービスに利用する際は、そのデータのライセンスに注意を払いましょう。

- **fashion-mnist**
  URL https://github.com/zalandoresearch/fashion-mnist

7.2.2 モデルの構築

`nn.Module()`クラスを継承したクラスとして、CNNのモデルを構築します。CNNモデルのコードの読み方については、Chapter5「CNN（畳み込みニューラルネットワーク）」で解説しています。

今回は、バッチ正規化（Batch Normalization）のための層、`nn.BatchNorm2d()`クラスを追加します（リスト7.2）。バッチ正規化はネットワークの途中でデータを平均0、標準偏差1に変換し、データ分布の偏りを防ぎます。これにより、学習が安定化し高速になります。なお、バッチ正規化の層には学習するパラメータがあるので、層の使い回しはできません。

リスト7.2 画像認識モデルの構築

In

```
import torch.nn as nn

class Net(nn.Module):
    def __init__(self):
        super().__init__()
        self.conv1 = nn.Conv2d(1, 8, 3)
        self.conv2 = nn.Conv2d(8, 16, 3)
        self.bn1 = nn.BatchNorm2d(16)
        self.conv3 = nn.Conv2d(16, 32, 3)
        self.conv4 = nn.Conv2d(32, 64, 3)
        self.bn2 = nn.BatchNorm2d(64)

        self.pool = nn.MaxPool2d(2, 2)
        self.relu = nn.ReLU()

        self.fc1 = nn.Linear(64*4*4, 256)
        self.dropout = nn.Dropout(p=0.5)
        self.fc2 = nn.Linear(256, 10)

    def forward(self, x):
        x = self.relu(self.conv1(x))
        x = self.relu(self.bn1(self.conv2(x)))
        x = self.pool(x)
        x = self.relu(self.conv3(x))
        x = self.relu(self.bn2(self.conv4(x)))
        x = self.pool(x)
        x = x.view(-1, 64*4*4)
        x = self.relu(self.fc1(x))
        x = self.dropout(x)
        x = self.fc2(x)
        return x

net = Net()
net.cuda()  # GPU対応
print(net)
```

Out

```
Net(
  (conv1): Conv2d(1, 8, kernel_size=(3, 3), stride=(1, 1))
  (conv2): Conv2d(8, 16, kernel_size=(3, 3), ➡
stride=(1, 1))
  (bn1): BatchNorm2d(16, eps=1e-05, momentum=0.1, ➡
affine=True, track_running_stats=True)
  (conv3): Conv2d(16, 32, kernel_size=(3, 3), ➡
stride=(1, 1))
  (conv4): Conv2d(32, 64, kernel_size=(3, 3), ➡
stride=(1, 1))
  (bn2): BatchNorm2d(64, eps=1e-05, momentum=0.1, ➡
affine=True, track_running_stats=True)
  (pool): MaxPool2d(kernel_size=2, stride=2, ➡
padding=0, dilation=1, ceil_mode=False)
  (relu): ReLU()
  (fc1): Linear(in_features=1024, out_features=256, ➡
bias=True)
  (dropout): Dropout(p=0.5, inplace=False)
  (fc2): Linear(in_features=256, out_features=10, ➡
bias=True)
)
```

7.2.3 学習

画像認識モデルを訓練します。

DataLoaderを使い、ミニバッチを取り出して訓練及び評価を行います（リスト7.3）。

リスト7.3 画像認識モデルの訓練

In

```
from torch import optim

# 交差エントロピー誤差関数
loss_fnc = nn.CrossEntropyLoss()
```

```
# 最適化アルゴリズム
optimizer = optim.Adam(net.parameters())

# 損失のログ
record_loss_train = []
record_loss_test = []

# 学習
for i in range(30):  # 30エポック学習
    net.train()  # 訓練モード
    loss_train = 0
    for j, (x, t) in enumerate(train_loader):  ➡
# ミニバッチ（x, t）を取り出す
        x, t = x.cuda(), t.cuda()  # GPU対応
        y = net(x)
        loss = loss_fnc(y, t)
        loss_train += loss.item()
        optimizer.zero_grad()
        loss.backward()
        optimizer.step()
    loss_train /= j+1
    record_loss_train.append(loss_train)

    net.eval()  # 評価モード
    loss_test = 0
    for j, (x, t) in enumerate(test_loader):  ➡
# ミニバッチ（x, t）を取り出す
        x, t = x.cuda(), t.cuda()  # GPU対応
        y = net(x)
        loss = loss_fnc(y, t)
        loss_test += loss.item()
    loss_test /= j+1
    record_loss_test.append(loss_test)

    if i%1 == 0:
        print("Epoch:", i, "Loss_Train:", loss_train, ➡
"Loss_Test:", loss_test)
```

Out

```
Epoch: 0 Loss_Train: 1.8670467950387803 Loss_Test: ➡
1.3906470643486946
Epoch: 1 Loss_Train: 1.5979395618062537 Loss_Test: ➡
1.112292075233095
Epoch: 2 Loss_Train: 1.4984064744606709 Loss_Test: ➡
0.9646005919025202
Epoch: 3 Loss_Train: 1.4143858971372087 Loss_Test: ➡
0.9302738939121271
Epoch: 4 Loss_Train: 1.3643148449946567 Loss_Test: ➡
0.8707914891516327
Epoch: 5 Loss_Train: 1.3175739999264797 Loss_Test: ➡
1.108343674878406
Epoch: 6 Loss_Train: 1.286390137824931 Loss_Test: ➡
0.8253077481203018
Epoch: 7 Loss_Train: 1.2480780941718168 Loss_Test: ➡
0.872632337223952
Epoch: 8 Loss_Train: 1.2212252439593456 Loss_Test: ➡
0.8736548974255848
Epoch: 9 Loss_Train: 1.1989214399984396 Loss_Test: ➡
0.7163475656964976
Epoch: 10 Loss_Train: 1.1812869221416873 Loss_Test: ➡
0.7322268514496506
Epoch: 11 Loss_Train: 1.164392886449025 Loss_Test: ➡
0.7521164310965568
Epoch: 12 Loss_Train: 1.1416932763829668 Loss_Test: ➡
0.6939955945986851
Epoch: 13 Loss_Train: 1.1313334179204155 Loss_Test: ➡
0.6688740424289825
Epoch: 14 Loss_Train: 1.1107714917105653 Loss_Test: ➡
0.6121865947535083
Epoch: 15 Loss_Train: 1.100818391293605 Loss_Test: ➡
0.6413749422237371
Epoch: 16 Loss_Train: 1.0856325180291622 Loss_Test: ➡
0.6891924514891995
Epoch: 17 Loss_Train: 1.0831554054197219 Loss_Test: ➡
0.5938468499548116
Epoch: 18 Loss_Train: 1.0669361865088376 Loss_Test: ➡
0.6195935331712104
```

```
Epoch: 19 Loss_Train: 1.0645530195251456 Loss_Test: ➡
0.6219737448130443
Epoch: 20 Loss_Train: 1.0570902015481676 Loss_Test: ➡
0.6270437855629405
Epoch: 21 Loss_Train: 1.052433463301994 Loss_Test: ➡
0.580003633430809
Epoch: 22 Loss_Train: 1.0375683833159872 Loss_Test: ➡
0.6210840082472298
Epoch: 23 Loss_Train: 1.0360539709962506 Loss_Test: ➡
0.6211831370356736
Epoch: 24 Loss_Train: 1.02687050583266 Loss_Test: ➡
0.6001167597284742
Epoch: 25 Loss_Train: 1.0222064745324506 Loss_Test: ➡
0.5864644967446662
Epoch: 26 Loss_Train: 1.0213188050525275 Loss_Test: ➡
0.5560126052160931
Epoch: 27 Loss_Train: 1.0142205736911627 Loss_Test: ➡
0.5902797080528964
Epoch: 28 Loss_Train: 1.0119462095216902 Loss_Test: ➡
0.583333629331771
Epoch: 29 Loss_Train: 1.009226536699958 Loss_Test: ➡
0.5414785448532955
```

7.2.4 誤差の推移

訓練データとテストデータ、それぞれの誤差の推移をグラフで表示します（リスト7.4）。

リスト7.4 誤差の推移

In

```
import matplotlib.pyplot as plt

plt.plot(range(len(record_loss_train)), ➡
record_loss_train, label="Train")
plt.plot(range(len(record_loss_test)), ➡
record_loss_test, label="Test")
plt.legend()
```

```
plt.xlabel("Epochs")
plt.ylabel("Error")
plt.show()
```

Out

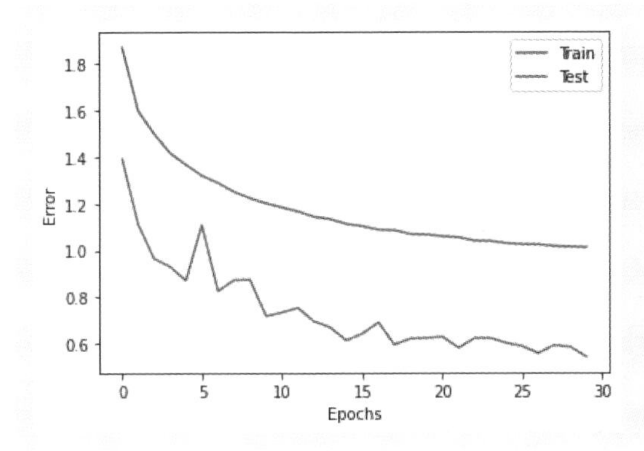

7.2.5 正解率

モデルの性能を把握するため、テストデータを使い正解率を測定します（リスト7.5）。

リスト7.5 正解率の計算

In

```
correct = 0
total = 0
net.eval()  # 評価モード
for i, (x, t) in enumerate(test_loader):
    x, t = x.cuda(), t.cuda()  # GPU対応
    y = net(x)
    correct += (y.argmax(1) == t).sum().item()
    total += len(x)
print("正解率:", str(correct/total*100) + "%")
```

Out

```
正解率: 80.93%
```

7.2.6 モデルの保存

訓練済みモデルのパラメータを、state_dict()メソッドにより取得し、保存します。

リスト7.6のコードは、state_dict()メソッドの内容を表示した後、model_cnn.pthというファイル名で保存します。

リスト7.6 モデルの保存

In

```
import torch

# state_dict()の表示
for key in net.state_dict():
    print(key, ": ", net.state_dict()[key].size())

# 保存
torch.save(net.state_dict(), "model_cnn.pth")
```

Out

```
conv1.weight :  torch.Size([8, 1, 3, 3])
conv1.bias :  torch.Size([8])
conv2.weight :  torch.Size([16, 8, 3, 3])
conv2.bias :  torch.Size([16])
bn1.weight :  torch.Size([16])
bn1.bias :  torch.Size([16])
bn1.running_mean :  torch.Size([16])
bn1.running_var :  torch.Size([16])
bn1.num_batches_tracked :  torch.Size([])
conv3.weight :  torch.Size([32, 16, 3, 3])
conv3.bias :  torch.Size([32])
conv4.weight :  torch.Size([64, 32, 3, 3])
conv4.bias :  torch.Size([64])
bn2.weight :  torch.Size([64])
bn2.bias :  torch.Size([64])
bn2.running_mean :  torch.Size([64])
bn2.running_var :  torch.Size([64])
bn2.num_batches_tracked :  torch.Size([])
fc1.weight :  torch.Size([256, 1024])
fc1.bias :  torch.Size([256])
```

```
fc2.weight :  torch.Size([10, 256])
fc2.bias :  torch.Size([10])
```

7.2.7 訓練済みパラメータのダウンロード

訓練済みモデルのパラメータ「model_cnn.pth」をローカル環境にダウンロードしておきましょう。

ページ左の「ファイル」のアイコンをクリックして（図7.4 ❶）、「model_cnn.pth」の右側のアイコン（⋮）をクリックします（図7.4 ❷）。選択肢が表示されるので、「ダウンロード」を選択します（図7.4 ❸）。

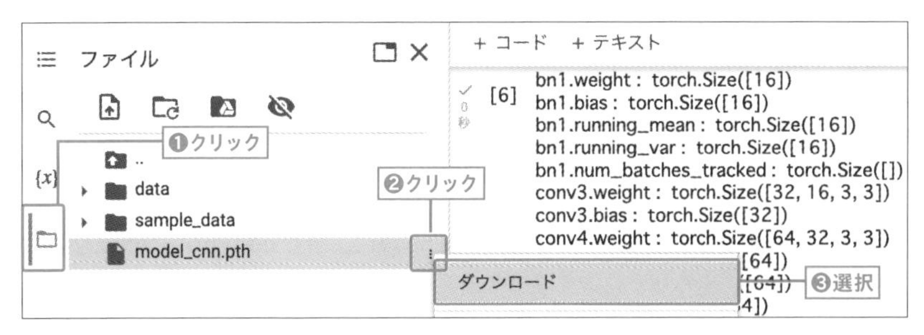

図7.4 「model_cnn.pth」をダウンロード

その結果「model_cnn.pth」がローカル環境にダウンロードされるので、保管しておきましょう。このファイルは、次節でアプリの構築に利用します。

7.3 画像認識アプリの構築

Streamlitを使い、画像を認識するアプリを作りましょう。
フレームワークにはPyTorchを使い、オリジナルのCNNモデルを読み込んで使用します。
今回は、Google Colaboratoryで以下の2つのファイルを作ります。

- model.py
- app.py

「app.py」がアプリの本体で、「model.py」は訓練済みモデルを使った予測を行うファイルです。
これらを動作させるためには、前節で作った訓練済みのパラメータ「model_cnn.pth」をアップロードする必要があります。
次節では「Streamlit Cloud」を使いクラウド上に作ったアプリをデプロイしますが、本節では「ngrok」というツールを使いアプリの動作を確認します。
なお、本書では解説しませんが、ローカル環境にご自身でPythonの環境を設定できる方は、そちらで動作を確認することもできます。

7.3.1 ngrokの設定

「ngrok」(エングロック)は、ローカルサーバーを外部公開できるツールです。

今回は、Google Colaboratoryのサーバー上からこのngrokを使ってアプリを公開し、動作を確認します。

Google Colaboratory上でngrokを使用するためには、ngrokのサイトに登録し「Authtoken」を取得する必要があります。

まずは、ngrokのWebサイトでサインアップを行いましょう。画面右上の「Sign up」のボタンをクリックして(図7.5 ❶)、サインアップに進みます。

画面が表示されるので、名前やメールアドレス、パスワードを入力します(図7.5 ❷)。必要な箇所にチェックを行った上で(図7.5 ❸)、「Sign Up」をクリックします(図7.5 ❹)。するとngrokからメールが届くので、本文のURLをクリックして認証を行います。

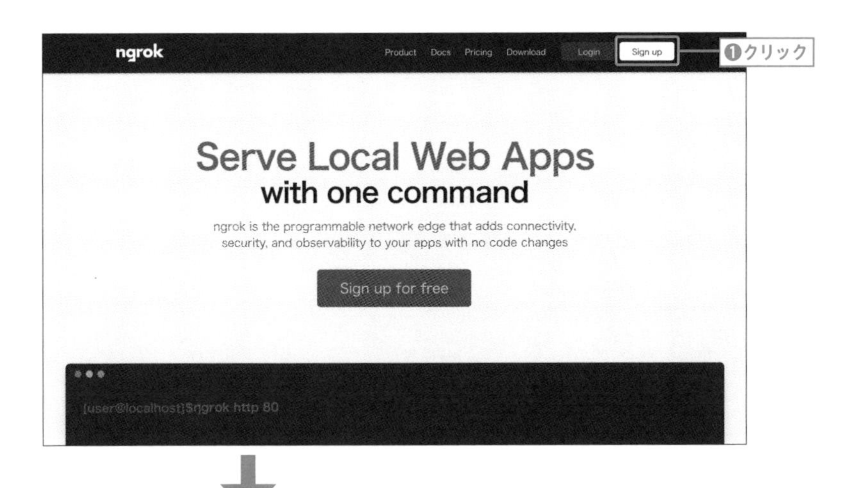

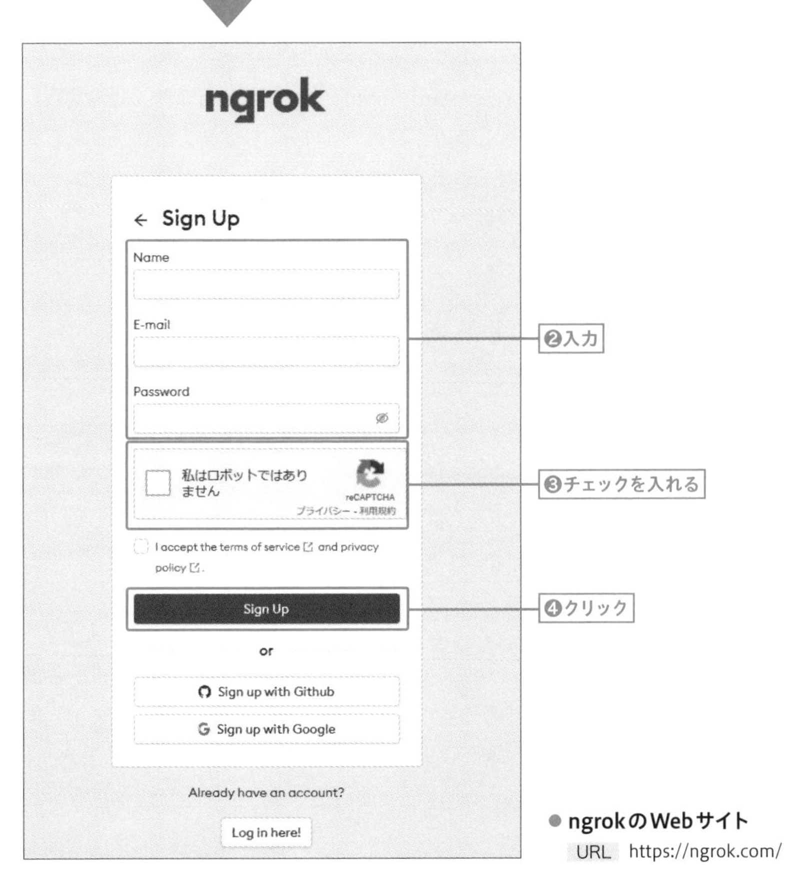

図7.5 ngrokのWebサイト

● **ngrokのWebサイト**
URL https://ngrok.com/

認証が完了すると、ngrokのダッシュボードにたどり着くことができます（図7.6）。

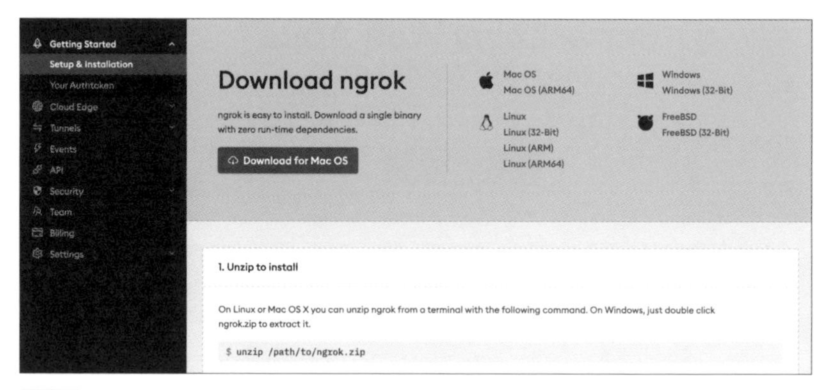

図7.6 ngrokのダッシュボード

ここで、左のメニューから「Your Authtoken」を選択しましょう（図7.7 ❶）。「Your Autotoken」が表示されるので、これを「Copy」ボタンをクリックしてコピーしておきます（図7.7 ❷）。これは、7.3.6「Authtokenの設定」でノートブックの「YourAuthtoken」の箇所にペーストします。

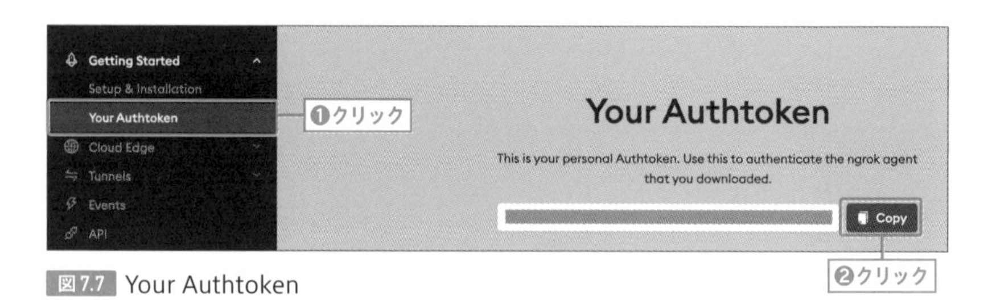

図7.7 Your Authtoken

以上でngrokの設定は完了です。

7.3.2 ライブラリのインストール

Streamlit、及びアプリの動作の確認に使用する「ngrok」をインストールします（リスト7.7）。

リスト7.7 必要なライブラリのインストール

In

```
!pip install streamlit==1.8.1 --quiet
!pip install pyngrok==4.1.1 --quiet
```

Out

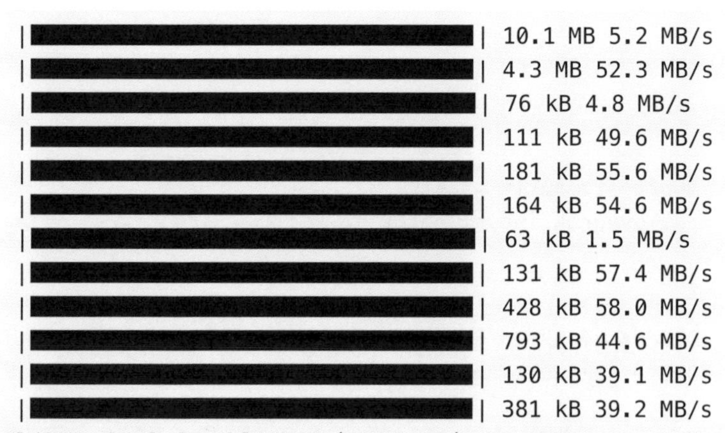


```
  Building wheel for blinker (setup.py) ... done
ERROR: pip's dependency resolver does not currently ➡
take into account all the packages that are installed. ➡
This behaviour is the source of the following ➡
dependency conflicts.
jupyter-console 5.2.0 requires prompt-toolkit<2.0.0,>=➡
1.0.0, but you have prompt-toolkit 3.0.29 which is ➡
incompatible.
google-colab 1.0.0 requires ipykernel~=4.10, ➡
but you have ipykernel 6.13.0 which is incompatible.
google-colab 1.0.0 requires ipython~=5.5.0, ➡
but you have ipython 7.32.0 which is incompatible.
google-colab 1.0.0 requires tornado~=5.1.0; ➡
python_version >= "3.0", but you have tornado 6.1 which ➡
is incompatible.[0m
  Building wheel for pyngrok (setup.py) ... done
```

一部のパッケージのインストールでエラーが表示されることがありますが、アプリの動作に影響は与えないので気にせず先に進めましょう。

次に、Streamlit、及びngrokをインポートします（リスト7.8）。

ATTENTION

エラーが発生した場合の対処方法

2022年8月現在、Google Colaboratoryの環境で リスト7.8 を実行するとエラーが発生しStreamlitのインポートがストップします。その場合は、「ランタイム」→「ランタイムを再起動」によりランタイムを再起動した上で、再び実行すると解決します。

リスト7.8 Streamlitとngrokをimportする

In

```
import streamlit as st
from pyngrok import ngrok
```

Out

```
2022-04-27 12:23:38.744 INFO    numexpr.utils: ➡
NumExpr defaulting to 2 threads.
```

7.3.3 訓練済みのパラメータをアップロード

訓練済みパラメータ「model_cnn.pth」をアップロードします。

ページ左の「ファイル」のアイコンをクリックし（図7.8 ❶）、表示されたメニューで「model_cnn.pth」を選択して開いた領域にドラッグ&ドロップします（図7.8 ❷）。

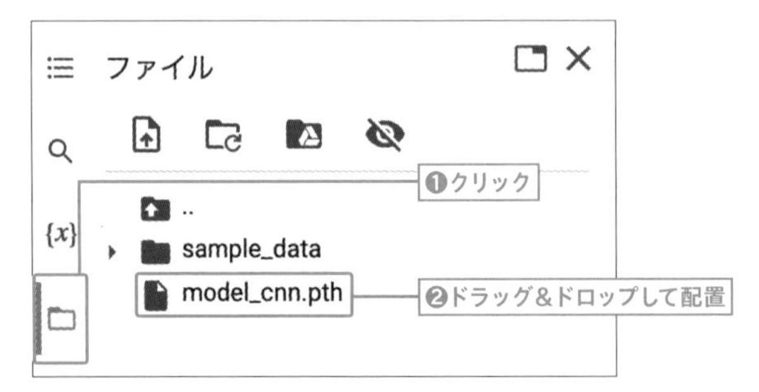

図7.8 「model_cnn.pth」のアップロード

これにより「model_cnn.pth」がGoogle Colaboratoryのサーバー上にアップロードされ、ノートブックから読み込むことが可能になります。

7.3.4 「モデル」を扱うファイル

画像認識の訓練済みモデルを読み込み、予測を行うコードを「model.py」に書き込みます。

リスト7.9のコードの先頭に置かれた%%writefileはマジックコマンドの一種で、指定したファイルにセルの内容を書き込みます。この場合は、この行以降のコードが「model.py」というファイルに書き込まれます。

predict()関数は、引数としてimgを受け取っていますが、これはPIL(Pillow)のImage型です。これを訓練済みのモデルに合わせてモノクロに変換し、サイズも変換します。後は、Tensorに変換した上で、これを訓練済みのモデルに入力します。そして、予測結果を整えて返り値とします。

リスト7.9 モデルを扱うファイル「model.py」

In

```
%%writefile model.py
# 以下を「model.py」に書き込み
import torch
import torch.nn as nn
import torch.nn.functional as F
from torchvision import models, transforms
from PIL import Image

classes_ja = ["Tシャツ/トップ", "ズボン", "プルオーバー", ➡
"ドレス", "コート", "サンダル", "ワイシャツ", "スニーカー", ➡
"バッグ", "アンクルブーツ"]
classes_en = ["T-shirt/top", "Trouser", "Pullover", ➡
"Dress", "Coat", "Sandal", "Shirt", "Sneaker", "Bag", ➡
"Ankle boot"]
n_class = len(classes_ja)
img_size = 28

# 画像認識のモデル
class Net(nn.Module):
    def __init__(self):
        super().__init__()
        self.conv1 = nn.Conv2d(1, 8, 3)
        self.conv 2 = nn.Conv2d(8, 16, 3)
        self.bn1 = nn.BatchNorm2d(16)
```

```
        self.conv3 = nn.Conv2d(16, 32, 3)
        self.conv4 = nn.Conv2d(32, 64, 3)
        self.bn2 = nn.BatchNorm2d(64)

        self.pool = nn.MaxPool2d(2, 2)
        self.relu = nn.ReLU()

        self.fc1 = nn.Linear(64*4*4, 256)
        self.dropout = nn.Dropout(p=0.5)
        self.fc2 = nn.Linear(256, 10)

    def forward(self, x):
        x = self.relu(self.conv1(x))
        x = self.relu(self.bn1(self.conv2(x)))
        x = self.pool(x)
        x = F.relu(self.conv3(x))
        x = F.relu(self.bn2(self.conv4(x)))
        x = self.pool(x)
        x = x.view(-1, 64*4*4)
        x = F.relu(self.fc1(x))
        x = self.dropout(x)
        x = self.fc2(x)
        return x

net = Net()

# 訓練済みパラメータの読み込みと設定
net.load_state_dict(torch.load(
    "model_cnn.pth", map_location=torch.device("cpu")
    ))

def predict(img):
    # モデルへの入力
    img = img.convert("L")  # モノクロに変換
    img = img.resize((img_size, img_size))  # サイズを変換
    transform = transforms.Compose([transforms.ToTensor(),
                                    transforms.➡
Normalize((0.0), (1.0))
                                    ])
    img = transform(img)
```

```
    x = img.reshape(1, 1, img_size, img_size)

    # 予測
    net.eval()
    y = net(x)

    # 結果を返す
    y_prob = torch.nn.functional.➡
softmax(torch.squeeze(y))  # 確率で表す
    sorted_prob, sorted_indices = torch.sort➡
(y_prob, descending=True)  # 降順にソート
    return [(classes_ja[idx], classes_en[idx], prob.item➡
()) for idx, prob in zip(sorted_indices, sorted_prob)]
```

Out

```
Writing model.py
```

なお、リスト7.9のコードのtorch.load()関数でmap_locationにCPUを指定していますが、これによりGPUで訓練したモデルをCPUで使用することが可能になります。

7.3.5 アプリのコード

画像認識アプリ本体のコードを、「app.py」に書き込みます。ローカルからアップロード、もしくはWebカメラで撮影した画像ファイルに何が映っているのかを、model.pyのpredict()関数を使って判定します（リスト7.10）。

リスト7.10 アプリ本体のファイル「app.py」

In

```
%%writefile app.py
# 以下を「app.py」に書き込み
import streamlit as st
import matplotlib.pyplot as plt
from PIL import Image
from model import predict

st.set_option("deprecation.showfileUploaderEncoding", ➡
False)
```

```
st.sidebar.title("画像認識アプリ")
st.sidebar.write("オリジナルの画像認識モデルを使って何の画像かを➡
判定します。")

st.sidebar.write("")

img_source = st.sidebar.radio("画像のソースを選択してください。",
                              ("画像をアップロード", ➡
"カメラで撮影"))
if img_source == "画像をアップロード":
    img_file = st.sidebar.file_uploader("画像を選択して➡
ください。", type=["png", "jpg", "jpeg"])
elif img_source == "カメラで撮影":
    img_file = st.camera_input("カメラで撮影")

if img_file is not None:
    with st.spinner("推定中..."):
        img = Image.open(img_file)
        st.image(img, caption="対象の画像", width=480)
        st.write("")

        # 予測
        results = predict(img)

        # 結果の表示
        st.subheader("判定結果")
        n_top = 3  # 確率が高い順に3位まで返す
        for result in results[:n_top]:
            st.write(str(round(result[2]*100, 2)) + ➡
"%の確率で" + result[0] + "です。")

        # 円グラフの表示
        pie_labels = [result[1] for result in results➡
[:n_top]]
        pie_labels.append("others")  # その他
        pie_probs = [result[2] for result in results➡
[:n_top]]
        pie_probs.append(sum([result[2] for result in ➡
results[n_top:]]))  # その他
```

```
        fig, ax = plt.subplots()
        wedgeprops={"width":0.3, "edgecolor":"white"}
        textprops = {"fontsize":6}
        ax.pie(pie_probs, labels=pie_labels, ➡
counterclock=False, startangle=90,
                textprops=textprops, autopct="%.2f", ➡
wedgeprops=wedgeprops)  # 円グラフ
        st.pyplot(fig)

st.sidebar.write("")
st.sidebar.write("")

st.sidebar.caption("""
このアプリは、「Fashion-MNIST」を訓練データとして使っています。\n
Copyright (c) 2017 Zalando SE\n
Released under the MIT license\n
https://github.com/zalandoresearch/fashion-mnist#license
""")
```

Out

```
Writing app.py
```

以下は、今回使用した主要なSteamlitのコードの解説です。

st.title()関数によりタイトルを表示します。sidebarを挟むことで、サイドバーに表示されるようになります。

```
st.sidebar.title("画像認識アプリ")
```

st.write()は様々なタイプの引数を画面に表示できる十徳ナイフのような関数です。以下の場合は、文章をサイドバーに表示します。

```
st.sidebar.write("オリジナルの画像認識モデルを使って何の画像かを➡
判定します。")
```

st.radio()関数はラジオボタンを配置します。以下のコードは、画像をアップロード、カメラで撮影、2つの選択肢を与えるラジオボタンをサイドバーに配置します。

```
img_source = st.sidebar.radio("画像のソースを選択してください。",
                              ("画像をアップロード", ➡
"カメラで撮影"))
```

st.file_uploader()関数により、ユーザーがファイルをアップロード可能な領域が配置されます。以下のコードにより、png、jpg、jpegの拡張子を持ったファイルをアップロードする領域が、サイドバーに配置されます。

```
    img_file = st.sidebar.file_uploader("画像を選択して➡
ください。", type=["png", "jpg", "jpeg"])
```

st.camera_input()関数により、Webカメラが起動して撮影が可能になります。

```
    img_file = st.camera_input("カメラで撮影")
```

st.image()関数により、画面に画像を表示することができます。

```
        st.image(img, caption="対象の画像", width=480)
```

st.pyplot()関数により、matplotlibのグラフを表示することができます。

```
        st.pyplot(fig)
```

以上のように、Streamlitはコードがシンプルであるにもかかわらず、多様なUIを実装できます。他の機能に興味のある方は、ぜひ公式ドキュメントを読んでみてください。

- **Streamlit Library**
  URL https://docs.streamlit.io/library

7.3.6 Authtokenの設定

ngrokで接続するために必要な「Authtoken」を設定します。
以下のコード、

```
!ngrok authtoken YourAuthtoken
```

における、YourAuthtokenの箇所を、自分のngrokのAuthtokenに置き換えます（リスト7.11）。

リスト7.11 Authtokenの設定

In

```
!ngrok authtoken YourAuthtoken
```

自分のngrokのAuthtokenに置き換える

Out

```
Authtoken saved to configuration file: /root/.ngrok2/➡
ngrok.yml
```

次節でGitHubを使用しますが、間違ってご自身のAuthTokenをGitHubにアップロードしないようにご注意ください。

7.3.7 アプリの起動と動作確認

streamlitのrunコマンドでアプリを起動します（リスト7.12）。

リスト7.12 アプリの起動

In

```
!streamlit run app.py &>/dev/null&  # 「&>/dev/null&」に➡
より、出力を非表示にしてバックグラウンドジョブとして実行
```

ngrokのプロセスを終了した上で、新たにポートを指定して接続します（リスト7.13）。

接続の結果、URLを取得できます。

ngrokの無料プランでは同時に1つのプロセスしか動かせないので、エラーが発生した場合は「ランタイム」→「セッションの管理」で不要なGoogle Colaboratoryのセッションを終了しましょう。

リスト7.13 ngrokによる接続

In

```
ngrok.kill()  # プロセスの終了
url = ngrok.connect(port="8501")  # 接続
```

URLを表示し、リンク先でアプリが動作することを確認します。Google

Colaboratoryのサーバーを利用した一時的な公開であることにご注意ください（リスト7.14）。

リスト7.14 アプリのurlを表示

In

```
print(url)
```

Out

```
http://                    .ngrok.io
```

リンクのURLをコピーし、ブラウザのURL欄に貼り付けて「http」を「https」に変更の上、ページを表示してください。アプリの画面が表示されることを確認しましょう。

その上で、適当な画像ファイルをアップロードして結果が表示されることを確かめましょう。

図7.9 アプリの画面　　画像提供 pixabay　　URL https://pixabay.com/

図7.9の例では、適切に画像の判定がされているようです。しかしながら、背景に物体がある場合や対象が複数ある場合は、うまく対象を認識できないことも多いです。これには、訓練データの画像には背景がなく、画像に写る物体は1つのみであるため、などの理由を挙げることができます。

なお、Webカメラはngrokが発行したURLではセキュリティ上動作しないことがあります。カメラの動作の確認は、後ほどStreamlit Cloud上で行いましょう。

7.3.8 requirements.txtの作成

Streamlit Cloudのサーバー上でアプリを動かすために、「requirements.txt」を作成する必要があります。

このファイルでは、必要なライブラリのバージョンを指定します。

まずは、アプリでimportしたライブラリのバージョンを確認します（リスト7.15）。

リスト7.15 各ライブラリのバージョンを確認

In

```
import streamlit
import torch
import torchvision
import PIL
import matplotlib

print("streamlit==" + streamlit.__version__)
print("torch==" + torch.__version__)
print("torchvision==" + torchvision.__version__)
print("Pillow==" + PIL.__version__)
print("matplotlib==" + matplotlib.__version__)
```

Out

```
streamlit==1.8.1
torch==1.11.0+cu113
torchvision==0.12.0+cu113
Pillow==7.1.2
matplotlib==3.2.2
```

リスト7.15を参考に、各ライブラリの望ましいバージョンを記述しrequirements.txtに保存します（リスト7.16）。なおPillowとmatplotlibはバージョンを記述しないでください。

リスト7.16 「requirements.txt」の作成

In

```
with open("requirements.txt", "w") as w:
    w.write("streamlit==1.8.1\n")
```

```
    w.write("torch==1.11.0\n")  ➡
# GPU対応は要らないのでcu113は記述しない
    w.write("torchvision==0.12.0\n")  ➡
# GPU対応は要らないのでcu113は記述しない
    w.write("Pillow\n")
    w.write("matplotlib\n")
```

7.3.9　ファイルのダウンロード

作成された以下のファイルをダウンロードしておきましょう。

- app.py
- model.py
- requirements.txt

ページ左の「ファイル」のアイコンをクリックして（図7.10❶）、作成されたファイルの右側のアイコン（⋮）をクリックしましょう（図7.10❷）。選択肢が表示されるので、「ダウンロード」を選択します（図7.10❸）。

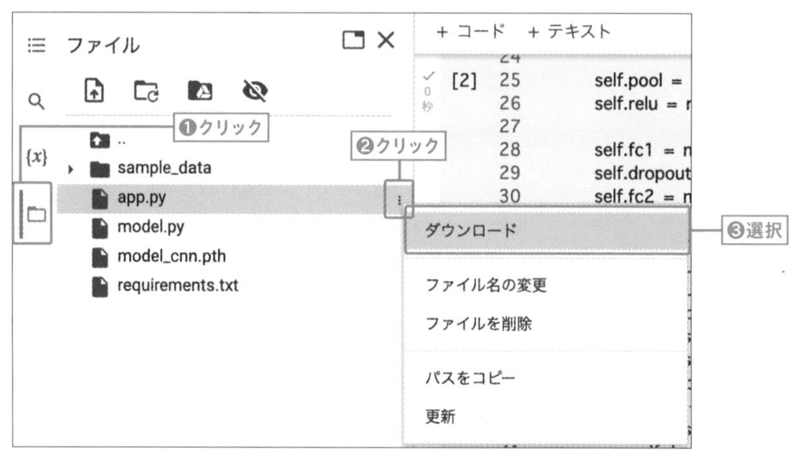

図7.10 作成されたファイルをダウンロード

その結果ファイルがローカルにダウンロードされます。3つのファイルをダウンロードし、保管しておきましょう。

これらのファイルは、「model_cnn.pth」とともに次節でGitHubのリポジトリにアップロードします。

7.4 アプリのデプロイ

構築したアプリをGitHub経由でStreamlit Cloudにデプロイします。
クラウド上でアプリが動作することを確認しましょう。

7.4.1 GitHubへの登録

Streamlit CloudにはGitHub経由でアプリをアップロードします。GitHubのアカウントがない方は、最初にGitHubのアカウントを作りましょう。GitHubのWebサイトを訪れて、サインアップを行います（図7.11）。

図7.11 GitHubのWebサイト

● **GitHub**
URL https://github.co.jp/

トップページに「サインアップ」のボタンがあるので、クリックしてユーザー登録の手続きを進めます。メールアドレスなどの登録が必要になりますが、基本的には指示に従って手続きを進めれば大丈夫です。

登録手続きの画面は頻繁に変わるので、本書では詳しい手続きの解説は行いません。画面の指示に従い、登録手続きを済ませましょう。

7.4.2 リポジトリの作成とファイルのアップロード

次に、GitHubのリポジトリを作成します。ユーザー登録とサインインが済んでいれば、画面の右上に「+」のボタンが表示されます。これをクリックすると（図7.12❶）メニューが表示されるので、「New repository」を選択します（図7.12❷）。

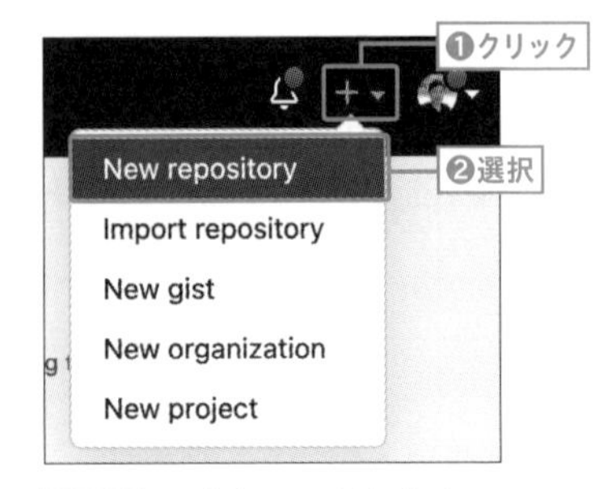

図7.12 リポジトリの新規作成

すると、「Create a new repository」と表示されたリポジトリの設定画面が表示されます（図7.13）。

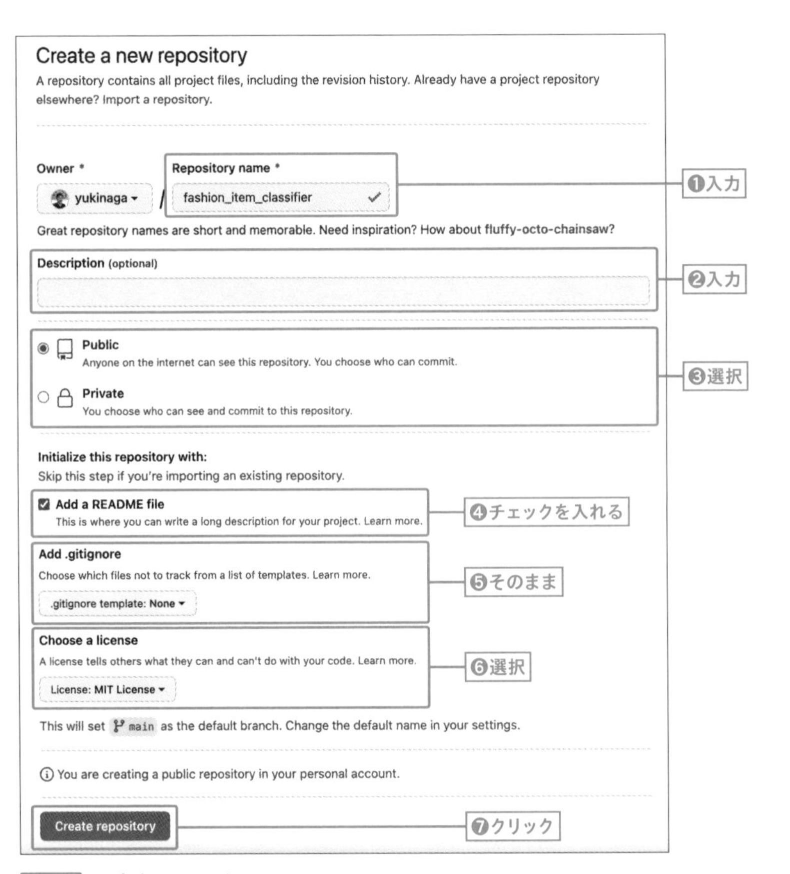

図7.13 リポジトリの設定画面

この画面で、以下を設定しましょう。

- Repository name（図7.13 ❶）
  リポジトリ名です。半角英数字で好きな名前を付けましょう。上記では「fashion_item_classifier」という名前を付けています。

- Description (optional)（図7.13 ❷）
  リポジトリの説明文です。ここは省略しても構いません。

- Public or Private（図7.13 ❸）
  リポジトリを一般公開するか、限定公開するか設定できます。Publicにするとアップロードしたソースコードが一般公開されます。今回はオープンソースで進めますので、Publicに設定しましょう。

- Add a README file（図7.13 ❹）
  説明文のファイルを作るかどうかです。ここにはチェックを入れましょう。

- Add .gitignore（図7.13 ❺）
  ここは何も選択しなくて構いません。

- Choose a license（図7.13 ❻）
  ライセンスを選択します。好みのライセンスを選択しましょう。図では広く使われている「License: MIT License」を選択しています。

ここまでの設定が終わったら、「Create repository」のボタンをクリックして（図7.13 ❼）リポジトリを新規作成します。

無事リポジトリが作成できれば、図7.14のような画面が表示されます。

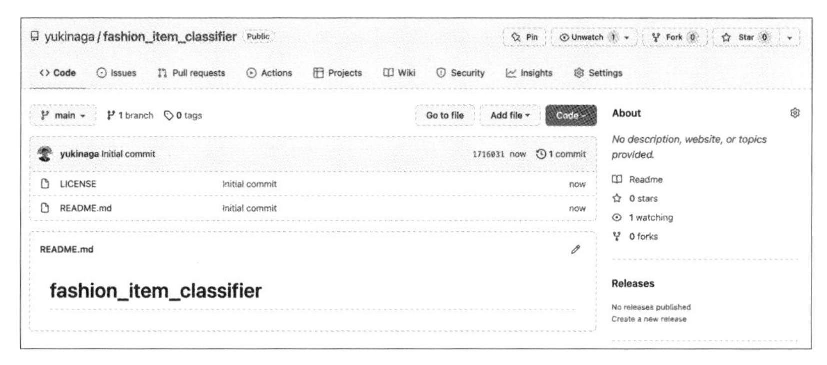

図7.14 作成されたリポジトリ

このリポジトリにこれまでに作成したアプリのファイルをアップロードしましょう。今回アップロードするのは以下の4つのファイルです。

- model_cnn.pth
- app.py
- model.py
- requirements.txt

これらのファイルをまとめて先ほどのリポジトリの画面にドラッグ&ドロップします。

プログレスバーが進行した後、図7.15の画面が表示されます。ここで、「Commit changes」のボタンをクリックします。

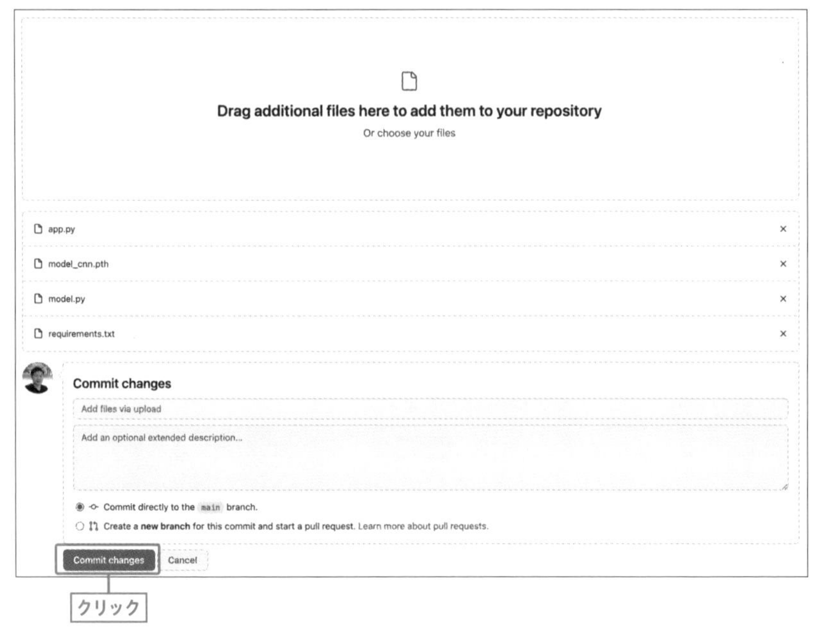

図7.15 アプリのファイルをアップロード

その結果、図7.16のような画面が表示されるので、4つのファイルが追加されたことを確認します。

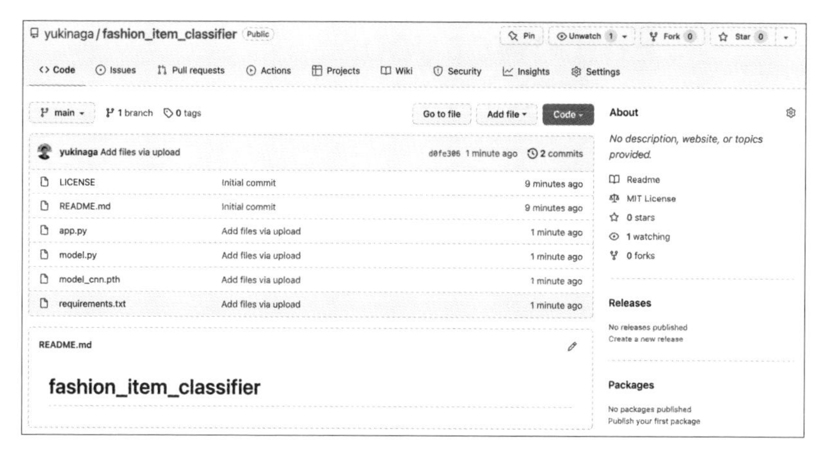

図7.16 追加されたアプリのファイル

以上でGitHub側の作業は完了です。

7.4.3 Streamlit Cloudへの登録

Stream Cloudを使うために、まずはユーザー登録を行いましょう。なお、StreamlitのWebサイトの画面や登録手続きは変更されることがあるので、適宜柔軟に対応しましょう。

StreamlitのWebサイト（URL https://streamlit.io/）で、「Sign up for Streamlit Cloud」のボタンをクリックしましょう（図7.17）。

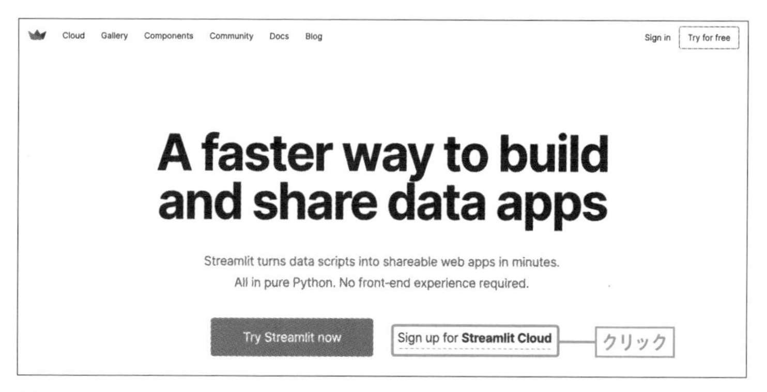

図7.17 StreamlitのWebサイト

次の画面で「Start free trial」をクリックします（図7.18）。

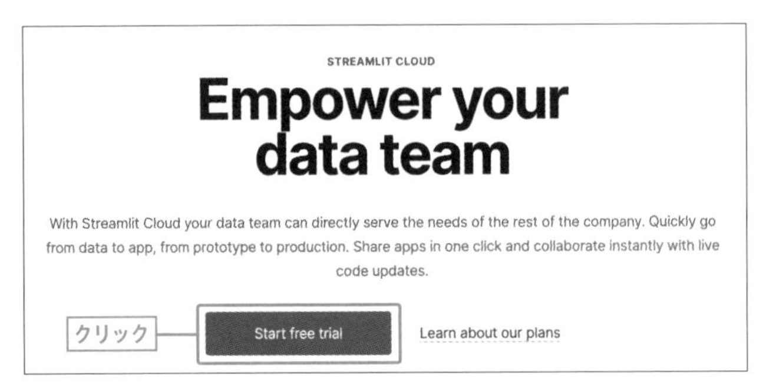

図7.18「Start free trial」をクリック

次に、「Get started with Streamlit Cloud」と表示されますので、「Continue with GitHub」をクリックします（図7.19）。

次の画面では、StreamlitからGitHubにアクセスする権限を与えます。問題がなければ、「Authorize streamlit」のボタンをクリックします（図7.20）。

図7.19「Continue with GitHub」を選択

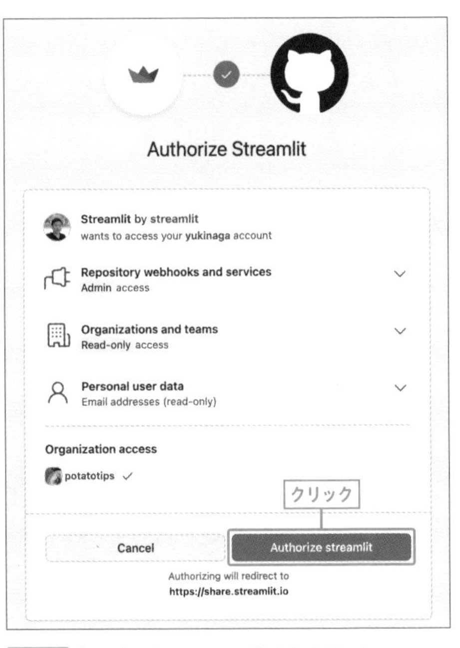

図7.20「Authorize streamlit」をクリック

その結果パスワードの入力を求められるので、GitHubのパスワードを入力します（図7.21❶）。「Confirm password」をクリックします（図7.21❷）。

図7.21 GitHubのパスワードを入力

「Set up your account」と表示されて、Streamlitのアカウント情報の入力が求められます。名前やメールアドレスなどの各情報を入力し（図7.22❶）、「Continue」のボタンをクリックしましょう（図7.22❷）

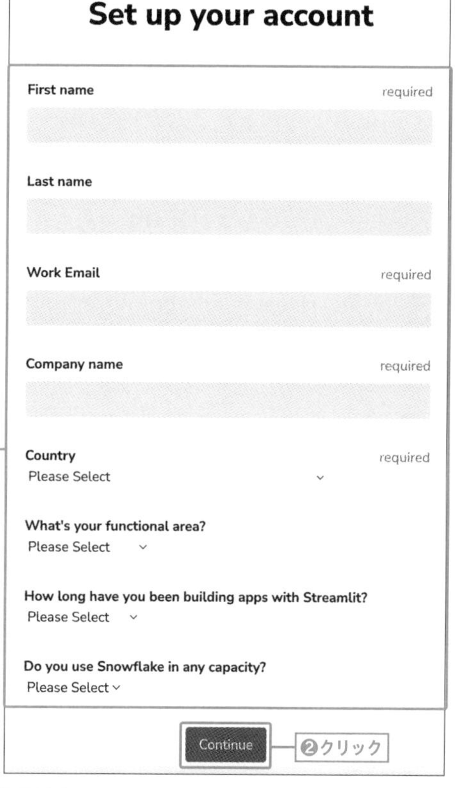

図7.22 Streamlitアカウントの設定

すると図7.23のアプリ一覧画面が表示されますが、まだアプリは作成していないので空となっています。

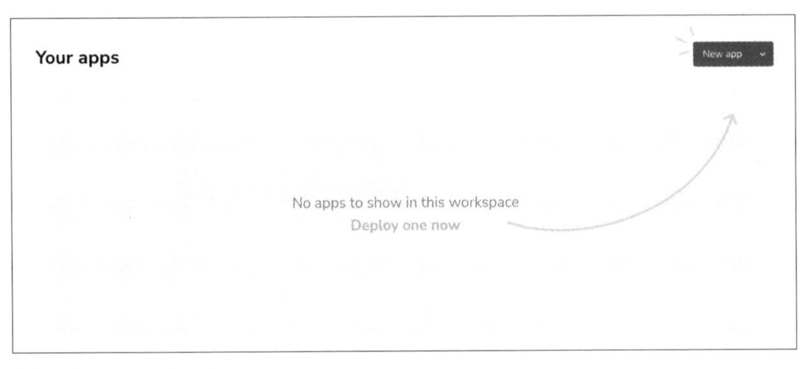

図7.23 アプリ一覧画面

以上でStreamlit Cloudを使うための準備は完了です。

7.4.4 新規アプリの登録

図7.23のアプリ一覧画面で、「New app」のボタンをクリックしましょう。

GitHubへのアクセスの許可を求められることがあるので、問題がなければ「Authorize streamlit」のボタンをクリックします。

その結果、「Deploy an app」の画面が表示されます（図7.24）。

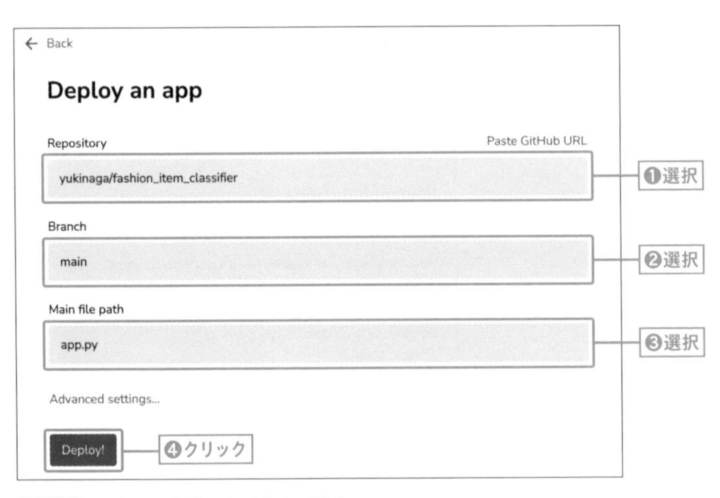

図7.24 アプリのデプロイに関する設定

設定は以下のように行います。

- Repository（図7.24❶）
  先ほどアプリのファイルをアップロードしたGitHubのリポジトリを選択します。
- Branch（図7.24❷）
  「main」を選択します。
- Main file path（図7.24❸）
  「app.py」を選択します。

以上を設定した上で、「Deploy!」のボタンをクリックします（図7.24❹）。

「Your app is in the oven」と表示されてStreamlit Cloud上へのデプロイの処理が行われますが、完了するまでしばらく時間がかかります。処理の過程は、画面右の背景が黒い領域に表示されます。エラーが発生した場合は、この領域に表示されるエラーメッセージを読みましょう。

デプロイが完了すると、図7.25のようにブラウザ上にアプリが表示されます。

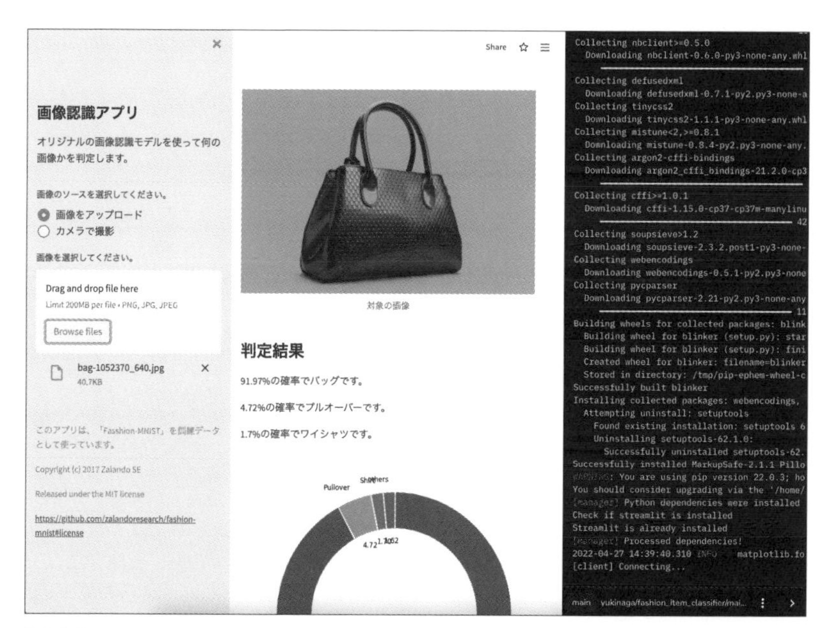

図7.25 Streamlit Cloud上にデプロイした人工知能Webアプリ

画像提供 pixabay URL https://pixabay.com/

画像ファイルをアップロードして、問題なく動作することを確認しましょう。カメラを起動することも可能なので、カメラから取り込んだ画像が使えることも確かめましょう。URLが発行されているので、シェアすることで多くの人に使ってもらうことも可能です。

以上の手順で、Streamlit Cloud上に人工知能アプリを公開することができます。

なお、公開したアプリは、多くの機種のスマートフォンのブラウザでも動作します。スマートフォンで使えると利便性が大きく向上しますので、興味のある方はURLを打ち込んで動作を確認してみましょう。

7.5 演習

演習の概要について解説します。

本チャプターの演習は、手書き数字を認識するWebアプリを構築し、動作を確認することです。訓練データにMNISTを使用し、手書き数字を認識可能な人工知能アプリを構築しましょう。

MNISTは、以下のようなコードで導入可能です。

```
from torchvision.datasets import MNIST

fashion_train = MNIST(...
```

詳しくは、以下の公式ドキュメントを参考にしてください。

- **MNIST**
  URL https://pytorch.org/vision/stable/generated/torchvision.datasets.MNIST.html

構築したアプリにより、自分で書いた手書き文字が認識可能かどうか確かめてみましょう。

Streamlit Cloudを使ったアプリの公開までは演習に含まれませんが、興味のある方はトライしてみましょう。アプリの公開は、自己責任でお願いします。スマートフォンで動作させることができれば、ノートに書いた数字をカメラで撮影して認識させることも可能です。

今回の演習に、解答例はありません。自身で考えながら、実装できる力を身につけましょう。

7.6 まとめ

Chapter7で学んだことについてまとめます。

本チャプターでは、画像認識のためのCNNモデルを訓練し、Streamlitを使ってAIアプリを構築しました。そして、構築したアプリをGitHub経由でStreamlit Cloud上にアップロードし、動作を確認しました。

自分でモデルを訓練し、アプリに搭載し公開することができれば様々なアイデアを試すことが可能になります。興味のある方は、オリジナルの人工知能アプリの開発にトライしてみましょう。

Appendix

さらに学びたい方のために

本書の最後に、さらに学びたい方へ向けて有用な情報を提供します。

AP1.1 さらに学びたい方のために向けた有用な情報の紹介

さらに学びたい方に向けて、役立つ情報を紹介します。

AP1.1.1 コミュニティ「自由研究室 AIRS-Lab」

「AI」をテーマに交流し、創造するWeb上のコミュニティ「自由研究室 AIRS-Lab」を開設しました。

メンバーにはUdemy新コースの無料提供、毎月のイベントへの参加、Slackコミュニティへの参加などの特典があります。

- **自由研究室 AIRS-Lab**
  URL https://www.airs-lab.jp/
- **YouTubeチャンネル「自由研究室 AIRS-Lab」**
  URL https://www.youtube.com/channel/UCsyvVMXRiv0qtLTbyTmEOHw

AP1.1.2 著書

著者の今まで出版された書籍を紹介します。

『Google Colaboratoryで学ぶ!あたらしい人工知能技術の教科書 機械学習・深層学習・強化学習で学ぶAIの基礎技術』(翔泳社)

URL https://www.shoeisha.co.jp/book/detail/9784798167213

本書はGoogle ColaboratoryやプログラミングPythonの解説から始まりますが、チャプターが進むにつれてCNNやRNN、生成モデルや強化学習、転移学習などの有用な人工知能技術の習得へつながっていきます。

フレームワークにKerasを使い、CNN、RNN、生成モデル、強化学習などの様々なディープラーニング関連技術を幅広く学びます。

◎『あたらしい脳科学と人工知能の教科書』(翔泳社)

URL https://www.shoeisha.co.jp/book/detail/9784798164953

本書は脳と人工知能のそれぞれの概要から始まり、脳の各部位と機能を解説した上で、人工知能の様々なアルゴリズムとの接点をわかりやすく解説します。

脳と人工知能の、類似点と相違点を学ぶことができますが、後半の章では「意識の謎」にまで踏み込みます。

◎『Pythonで動かして学ぶ!あたらしい数学の教科書 機械学習・深層学習に必要な基礎知識』(翔泳社)

URL https://www.shoeisha.co.jp/book/detail/9784798161174

この書籍は、AI向けの数学をプログラミング言語Pytnonとともに基礎から解説していきます。手を動かしながら体験ベースで学ぶので、AIを学びたいけれど数学に敷居の高さを感じる方に特にお勧めです。線形代数、確率、統計、微分といった数学の基礎知識をコードとともにわかりやすく解説します。

◎『はじめてのディープラーニング Pythonで学ぶニューラルネットワークとバックプロパゲーション』(SBクリエイティブ社)

URL https://www.sbcr.jp/product/4797396812/

この書籍では、「知能とは何か?」から始めて、少しずつディープラーニングを構築していきます。人工知能の背景知識と、実際の構築方法をバランスよく学んでいきます。TensorFlowやPyTorchなどのフレームワークを使用しないので、ディープラーニング、人工知能についての汎用的なスキルが身につきます。

◎『はじめてのディープラーニング2 Pythonで実装する再帰型ニューラルネットワーク, VAE, GAN』(SBクリエイティブ社)

URL https://www.sbcr.jp/product/4815605582/

本作では自然言語処理の分野で有用な再帰型ニューラルネットワーク(RNN)と、生成モデルであるVAE(Variational Autoencoder)とGAN(Generative Adversarial Networks)について、数式からコードへとシームレスに実装します。実装は前著を踏襲してPython、NumPyのみで行い、既存のフレームワークに頼りません。

AP1.1.3　News! AIRS-Lab

AIの話題、講義動画、Udemyコース割引などのコンテンツを配信する無料のメルマガです。

- **メルマガ登録**
  URL https://www.airs-lab.jp/newsletter

- **バックナンバー**
  URL https://note.com/yuky_az/m/m36799465e0f4

AP1.1.4　YouTubeチャンネル「AI教室 AIRS-Lab」

著者のYouTubeチャンネル「AI教室 AIRS-Lab」では、無料の講座が多数公開されています。また、毎週月曜日、21時から人工知能関連の技術を扱うライブ講義が開催されています。

- **YouTubeチャンネル「AI教室 AIRS-Lab」**
  URL https://www.youtube.com/channel/UCT_HwlT8bgYrpKrEvw0jH7Q

AP1.1.5　オンライン講座

著者は、Udemyでオンライン講座を多数展開しています。人工知能などのテクノロジーについてさらに詳しく学びたい方はご活用ください。

- **Udemy：オンライン講座**
  URL https://www.udemy.com/user/wo-qi-xing-chang/

AP1.1.6　著者のTwitterアカウント

著者のTwitterアカウントです。AIに関する様々な情報を発信していますので、ご興味があればフォローしてください。

- **著者のTwitterアカウント**
  URL https://twitter.com/yuky_az

CONCLUSION

おわりに

本書を最後までお読みいただき、ありがとうございました。

Google Colaboratory環境における深層学習のPyTorch実装、いかがでしたでしょうか。本書を最後まで読んでコードに向き合った方は、深層学習を自分で考えて実装できる力が身についていると思います。深層学習が、より身近な技術になったのではないでしょうか。

様々な深層学習技術を体験し、何らかの手応えを感じていただけたのであれば、著者としてうれしく思います。

本書は、著者が講師を務めるUdemy講座「【PyTorch+Colab】PyTorchで実装するディープラーニング -CNN、RNN、人工知能Webアプリの構築-」がベースで、「【Streamlit+Colab】人工知能Webアプリを手軽に公開しよう！ -Pythonで構築し即時公開するAIアプリ-」の内容の一部を追加しました。これら講座の運用の経験なしに、本書を執筆することは非常に難しかったと思います。いつも講座をサポートしていただいているUdemyスタッフの皆様に、この場を借りて感謝を申し上げます。また、受講生の皆様からいただいた多くのフィードバックは、本書を執筆する上で大いに役に立ちました。講座の受講生の皆様にも、感謝を申し上げます。

また、翔泳社の宮腰様には、本書を執筆するきっかけを与えていただいた上、完成へ向けて多大なるご尽力をいただきました。改めてお礼を申し上げます。

そして、著者が主催するコミュニティ「自由研究室 AIRS-Lab」のメンバーとのやりとりは、本書の内容の改善に大変役に立ちました。メンバーの皆様に感謝です。

皆様の今後の人生において、本書の内容が何らかの形でお役に立てば著者としてうれしい限りです。

それでは、またお会いしましょう。

2022年8月吉日

我妻幸長

記号・数字

A/B/C

D/E/F

G/H/I

J/K/L

M/N/O

P/Q/R

さ

た

な

は

ま

ら

著者プロフィール

我妻 幸長（あづま・ゆきなが）

「ヒトとAIの共生」がミッションの会社、SAI-Lab株式会社の代表取締役。AI関連の教育と研究開発に従事。
東北大学大学院理学研究科修了。理学博士（物理学）。
興味の対象は、人工知能（AI）、複雑系、脳科学、シンギュラリティなど。
世界最大の教育動画プラットフォームUdemyで、様々なAI関連講座を展開し数万人を指導する人気講師。複数の有名企業でAI技術を指導。
エンジニアとして、VR、ゲーム、SNSなどジャンルを問わず様々なアプリを開発。
著書に『はじめてのディープラーニング―Pythonで学ぶ ニューラルネットワークとバックプロパゲーション―』（SBクリエイティブ、2018）、『Pythonで動かして学ぶ！あたらしい数学の教科書 機械学習・深層学習に必要な基礎知識』（翔泳社、2019）、『はじめてのディープラーニング2 Pythonで実装する再帰型ニューラルネットワーク,VAE,GAN』（SBクリエイティブ、2020）など。
著者のYouTubeチャンネルでは、無料の講座が多数公開されている。

- **Twitter**
  @yuky_az

- **SAI-Lab**
  URL https://sai-lab.co.jp

装丁・本文デザイン	大下 賢一郎
装丁・本文写真	iStock.com/Mademoiselle-de-Erotic
DTP	株式会社シンクス
校閲協力	佐藤弘文

PyTorch(パイトーチ)で作る!深層学習モデル・AI(エーアイ)アプリ開発入門

2022年 9月 5日　初版第1刷発行

著　者	我妻幸長 (あづま・ゆきなが)
発行人	佐々木幹夫
発行所	株式会社翔泳社 (https://www.shoeisha.co.jp)
印刷・製本	株式会社ワコープラネット

*本書へのお問い合わせについては、iv ページに記載の内容をお読みください。

*落丁・乱丁はお取り替えいたします。03-5362-3705 までご連絡ください。

ISBN978-4-7981-7339-9

Printed in Japan